汉堡包

Burger

吃肉背后的权利较量

[美] 卡罗尔·J. 亚当斯　著

Carol J. Adams

刘 畅 译

上海教育出版社

SHANGHAI EDUCATIONAL
PUBLISHING HOUSE

悦悦图书

成长，从阅读开始

纪念福里斯特·吉罗德·尼尔林

（Forrest Girod Nearing）。

目 录

公民汉堡包

1992 年，威廉·杰斐逊·克林顿（William Jefferson Clinton）[1] 在竞选总统时，以其对汉堡包的嗜好证明了自己是美国公民身份的候选人。市民（burgher）[2]：城市的公民。据媒体报道，他经常光顾当地的小餐馆，常点的食品就是汉堡包。比尔·克林顿（Bill Clinton）不但是具有公民身份的候选人，而且还是公民候选人；他对这种大众食品情有独钟，但却对那些邋里邋遢的家伙所吃的那种汉堡包提不起兴趣。虽然那些家伙使用的也是汉堡包专用的小圆面包，但做出

---

1 威廉·杰斐逊·克林顿，别名比尔·克林顿，美国律师、政治家，美国民主党成员，曾任阿肯色州州长、全美州长联席会议主席、联合国海地事务特使、克林顿基金会主席、第四十二任（第五十二届、第五十三届）美国总统。

2 汉堡包一词的英语是"hamburger"，而公民一词的英语是"burgher"，与汉堡包的后半部分发音一样，而拼写也很接近。

来的却并非地道的汉堡包。"傻瓜，那是为了省钱。"这是克林顿竞选团队经常挂在嘴边的一句话。对民众来说，选择经济合算的汉堡包已经是所有人的底线了。

另一方面，克林顿的竞争对手总统乔治·H. W. 布什（George H. W. Bush）出身于新英格兰地区（New England）[3]的名门望族。父亲原来是个银行家，后来又当选了参议员，而他自己则曾经被认为与普通美国民众脱节。"糟糕的乔治，"安·理查兹（Ann Richards）曾经在 1988 年如此说过："他出身名门，却信口雌黄。"[4]理查兹后来当选了德克萨斯州（Texas）州长。比尔·克林顿与布什形成了鲜明对比：从媒体的报道中可以看出，克林顿出身平凡人家，常以汉堡包为食，但却与二十世纪六十年代中期的总统林登·约翰逊（Lyndon Johnson）有着天渊之别。约翰逊只醉

---

[3] 新英格兰地区位于美国本土的东北部，包括美国的六个州，拥有全美国乃至全世界最好的教育环境。

[4] 这句话的原文是："he was born with a silver foot in his mouth"，出自两个英语习语，一个是"be born with a silver spoon in one's mouth"，意为：门第高贵，出身富豪之家；另一个是"put one's foot in one's mouth"意为：胡说八道，祸从口出。

心于用绞碎的牛里脊肉做成的汉堡包，而且对牛的生长年份还有要求。那样的牛里脊肉当时每磅的价格为三十五美元，考虑到通货膨胀等诸多因素，该价格相当于 2017 年的二百八十美元。

在 1992 年克林顿竞选总统期间以及他执政初期，汉堡包的销量一直居高不下。据估计，"1994 年，86.6% 的美国人（Americans）[5] 至少点过一次某一品种的汉堡包三明治"。

然而，这是个变革的时代 [6]。1993 年，博卡汉堡包（Boca Burger）问世，这是一种用大豆蛋白和面筋制作而成的素食汉堡包。这位喜食汉堡包的总统候选人在他入主白宫（White House）之初便改变了对汉堡

---

5 作者注：用"American"一词指美国，虽然很常见却不太准确。"*American*"（美洲人；美洲的）包括北美洲、中美洲和南美洲，因此这么多年来，当人们用这个词指代美国所特有的一些东西时，便一直都属于用词不当。当汉堡被贴上所谓的"美式食品（All-American food）"的标签，但显然仅仅用来表示美国历史上存在的食品以及现在常吃的食品时，情况就变得更加复杂。虽然本书也出现了这一表达法，但我仍然想指出其本身存在的种种问题。

6 原文为"the times they were a-changing"，是对美国摇滚民谣艺术家、诺贝尔文学奖获得者鲍勃·迪伦（Bob Dylan）的歌曲《这是个变革的时代》（*The Times They Are A-Changing*）的改编。

包的选择，开始狼吞虎咽地大嚼博卡汉堡包——其中大多数汉堡包都是由第一夫人（First Lady）希拉里·克林顿（Hillary Clinton）订购。（仅在 1994 年的六个星期里，白宫就总共购买了四千个博卡汉堡包。）从宾夕法尼亚大道（Pennsylvania Avenue）[7]1600 号传出来的博卡汉堡包大受欢迎的消息令肉制品生产商忧心忡忡。美国肉类协会（American Meat Institute，AMI）的一位发言人表示："美式汉堡包无可替代。美国肉类协会相信克林顿总统仍然会吃很多地道的汉堡包。"

3　　　当第一夫人希拉里·克林顿成为总统候选人时，比尔·克林顿证实美国肉类协会所作出的预测与事实相去甚远。他仍以素食为主。

汉堡包既是一种食品，也是一种理念，与美国公民的体验盘根错节地缠绕在一起。人们将其视为一种象征着民主与包容的食品。艾玛·拉撒路（Emma

---

[7]　白宫位于华盛顿哥伦比亚特区西北宾夕法尼亚大道 1600 号。

Lazarus）[8]曾经在一首赞美自由女神像（the Statue of Liberty）的诗歌中如此写道，"把你疲惫、贫困的人们给我，把你挤在一起、渴望呼吸自由空气的人们给我。[9]"伊丽莎白·罗津（Elizabeth Rozin）借用了该诗所采用的模式和节奏，只不过赞颂的不是自由，而是"经过碾磨、切丝、剁细、绞碎后的精细肉馅"。她说，准备起来虽然难度不大，但值得一提的是，"给每个人——年轻人、老年人、无牙之人和疲惫之人——充分提供了肉类的营养和感官体验。"

北卡罗莱纳州（North Carolina）的公民汉堡包酒吧（Citizen Burger Bar）宣称："享用美味的汉堡包是每个人的权利。"按照套话来说，他们将享用汉堡包和啤酒视为"基本自由权利"。雷·克洛克（Ray Kroc）在电影《大创业家》（*The Founder*）中通过呼应民族主义的主题，向麦当劳兄弟做了一次振奋人心

---

8 艾玛·拉撒路（1849—1887）是出生于纽约的美国犹太诗人。最著名的代表作品是十四行诗《新巨人》（*The New Colossus*），自由女神像青铜牌匾上的铭文即是此诗的节选。

9 本句译文出自林达的《历史深处的忧虑》。

的演讲，他们很快就沦为克洛克的手下败将。克洛克向他们游说，"特许经营这种该死的东西"，又补充道，"从海洋此岸到碧波荡漾之彼岸[10]到处都是"。他大声宣布，"为了你的祖国，请实行特许经营吧。为了美国，请实行特许经营吧！"他当场承诺，要不了多久，就其重要性而言，金拱门（Golden Arches）即便无法超越教堂上的十字架和法院门口的国旗在人们心目中的地位，但至少可以与两者相提并论。麦当劳餐厅必须立志成为"美国民众趋之若鹜的进餐场所"。嘿，"麦当劳餐厅甚至可以成为新美国教会"。

4   十字架。国旗。金拱门。约翰·李·汉考克（John Lee Hancock）执导的这部电影将克洛克的观点公之于众。克洛克认为麦当劳餐厅实行特许经营是一个普通公民取得成就的故事，因为汉堡包是一种人人都吃得起的廉价食品。孩子们的小手能牢牢地抓住汉堡包；大人们开车时手里也拿得住汉堡包；说实话，即便对

---

10 原文中此句出自美国乡村音乐创作歌手约翰尼·卡什（Johnny Cash）演唱的歌曲"From Sea To Shining Sea"，代指美国全境。

无牙之人来说，有好多种汉堡包都可以让他们大快朵颐。（二十世纪七十年代，小说家兼社会评论家万斯·布杰利 [Vance Bourjaily] 曾表示："在麦当劳餐厅，没有什么东西是需要用牙齿细细咀嚼的。"）

汉堡包的出现要归功于美国，部分原因是美国在十九世纪就是个喜食肉类的民主国家。当时肉类的人均消费量就已经远远超过了大多数欧洲移民的故乡。汉堡包在二十世纪的发展令民主权利和吃肉之间的联系得到了进一步巩固。1988 年，东柏林（East Berlin）首家麦当劳餐厅开业。六年前的 1982 年，德意志民主共和国（German Democratic Republic，简称民主德国）开办了一家类似于麦当劳餐厅的汉堡包快餐店，名为"格里莱塔"（Grilletta）。在柏林墙（Berlin Wall）[11] 倒塌之前，苏联（Soviet）控制的民主德国希望通过一家汉堡包店来展示自己具备"顺应潮流发展"

---

11 柏林墙，正式名称为反法西斯防卫墙，是德意志民主共和国（简称"民主德国"或"东德"）在己方领土上建立环绕西柏林边境的边防系统，目的是阻止民主德国（含首都东柏林）和德意志联邦共和国（简称"联邦德国"或"西德"）所属的西柏林之间人员的自由往来。

的能力——当然，所供应是比西方任何一个国家的汉堡包都更加美味的食品。他们意在超越西方。

在接下来的几页中，我不会将所有关于汉堡包发展历史的观点——列举出来。汉堡包是不是最早由那些狂暴的大嚼碎马肉的鞑靼人（Tartars）创造出来的呢？对于这一问题我不会提出质疑。那些以德国汉堡（Hamburg）为分界点的欧洲移民是不是先用盐腌渍肉类保鲜，接着在发明了"汉堡包"这种食物之后就来到了美国呢？抑或发明汉堡包这种食品的是不是来自德国汉堡的那些水手呢？1834年的德尔莫尼科饭店（Delmonico）供应汉堡包牛排（Hamburg steak）[12]吗？对于这些问题我也不会去妄加揣测。人们在这些问题以及很多其他问题上都已经费了大量的笔墨，包括各种传说、模糊的历史事实、伪装成民间传说的伪民俗、上不得台面的各种消息来源、口口相传，甚至各个市县都声称自己在汉堡包的发展历史上

---

12 所谓的汉堡牛排，其实就是把德国的牛肉丸子的组成物做成扁平状的碎牛肉牛排，加上酱汁、蛋与通心粉。

发挥了作用。在这个地方，汉堡包牛排（或索尔斯伯利牛肉饼 [Salisbury steak]）逐渐演变成了汉堡包；在那个地方，移民或水手拖着行李，带着汉堡包，走遍美国各地。人们似乎在任何地方都能找到汉堡包的诞生之地。

忘掉鞑靼人、汉堡包牛排、索尔斯伯利牛肉饼、香肠、肉饼和肉丸子吧，忘掉中国古代制作类似于汉堡包的那种食物的食谱吧。汉堡包起源的故事肯定发生在美国，而不是在国外，那我们大可不必在国外寻根究源。

汉堡包的"美国性（Americanness）"——巴比·福雷（Bobby Flay）[13] 口中的"完美的三明治"，而不是"完美的一餐"——源于十九世纪美国西部的扩张。经济、地理和工业等诸多因素共同作用的结果使牛肉比猪肉更受大众欢迎，并且将牛肉推向了不断扩大的市场。美国食客的经典形象就是大嚼中间夹着尚在滋滋作响

---

13 巴比·福雷（1964— ），出生于美国纽约，是美国的知名厨师。福雷是地道美国人，擅做美式食物，尤其精于烧烤。

的高脂肪肉块的小圆面包。正如无数历史学家指出的，饮食消费本身就是二十世纪美国叙事的一个侧面。

6

作为一种大众食品，汉堡包深受民众的欢迎，就连美食评论家和烹饪历史学家也都"啧啧称赞"。他们发现汉堡包的发展过程本身就是一个不断进步的故事。既研究汉堡包也以汉堡包为食的那些历史学家认为，统计数据显示，汉堡包在全球的普及势不可挡。他们狼吞虎咽地吃下汉堡包，转发自己最喜欢的汉堡包，并通过个人声明进一步向汉堡包必胜的言论致敬。他们为那些位高权重之人所讲述的故事呐喊助威：雷·克洛克（麦当劳餐厅）在 1977 年出版的自传，比利·英格莱姆（Billy Ingram）（白色城堡 [White Castle]）[14] 在 1964 年发表的谈话，吉姆·麦克拉摩（Jim McLamore）（汉堡王 [Burger King]）死后出版的自传。从目的论的逻辑角度来看，汉堡包的发展曲线为向上

---

[14] 白色城堡始于 1921 年 9 月，由比利·英格莱姆（Billy Ingram）和沃尔特·安德森（Walter Anderson）在美国堪萨斯州联合创办，主打产品为两英寸的方形迷你汉堡。餐厅外形就是一个个小小的白色城堡，不锈钢工业装饰，店员统一纯白色制服，这个形象在美国深入人心。

的弧形，充满了勃勃生机，这就是汉堡包长盛不衰的原因。按时间顺序讲述汉堡包的历史变成了一种对其大规模生产成功表达敬意的方式。对那些历史学家来说，汉堡包的历史妙趣横生，这一点毋庸置疑。

在消费者购买汉堡包的过程中，那种认为汉堡包必然会大获成功的观点便已经得到了证实。

不过，让我们先按下暂停键。正如《食客词典》（*Diner's Dictionary*）所做出的言简意赅的描述，我们意识到"碎牛肉饼——不论是烤制而成还是炸制而成，其概念都由来已久"，我们认识到"汉堡包"不过是给一种古老食物所取的新名字而已。在汉堡包出现之前，就已经有个人份大小的肉饼了。《牛津食品指南》（*Oxford Companion to Food*）将这种"个人份大小的肉饼"视为汉堡包的前身。与盒式录像带可以分为 Beta 型、VHS 型[15]（可能你心存疑问，这些都属于数字时代到来之前的技术）等几种类型一般无二，

7

---

15 适用于 Beta 型录像机的盒式录像磁带，标准带宽 12.65 毫米，俗称小二分之一盒式录像带。VHS 型录像带即为俗称的"大带"，使用 12 毫米带宽的录像带。

汉堡包也种类各异，例如白色城堡的方形汉堡包及传统的圆形汉堡包。不过，这些不同种类的汉堡包都要将牛肉做成不同的形状，使其变得更加通用，不但大小尺寸一致，而且每个组成部分都可以相互替换。这就像亨利·福特（Henry Ford）汽车公司装配线的生产模式一样，非常具有"美国"特色和工业化的特点。

由于人们的味觉受到了怀旧情绪的影响，因此人们对汉堡包制作虽也做出了某些尝试，但往往都限制在一定的范围之内。有些东西不能做成汉堡包，这要取决于制作者从中所发挥的决定性作用：汉堡包是不是用牛肉做的，是用动物肉还是人造肉做的，有没有加调料，是不是用小圆面包做的。

漫漫长夜，为了制作出白色城堡汉堡包，哈罗德（Harold）和库马尔（Kumar）克服了一个又一个困难。就在黎明即将到来之际，库马尔就移民到美国的意义发表了自己的观点。在他的独白中，汉堡包构成了美国公民的核心要旨。

你觉得这只不过是汉堡包而已，对吗？我告诉你吧，汉堡包的意义可远不止于此。我们的父母之所以来到这个国家就是为了逃避迫害、贫穷和饥饿。饥饿，哈罗德。他们饥肠辘辘，嗷嗷待食。他们希望生活在一个获得平等待遇的地方，一个遍地都摆满了汉堡包摊的地方。而且不能仅有一种汉堡包，你知道吗？一定要有几百种大小不一、配料不同、口味各异的汉堡包。那片土地就是美国。美国，哈罗德！美国！现在，我们这么拼命为了实现父母的目标，是为了追求幸福。今晚……的一切都与美国梦有关。

9

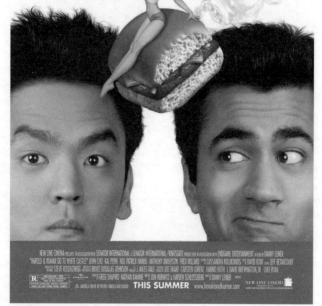

图 1 《寻堡奇遇》（*Harold and Kumar Go to White Castle*）。

他们二人深受鼓舞，采取大胆行动，开始寻找白色城堡。于是，很快我们就发现他们的餐桌上摆满了远近闻名的汉堡包。汉堡包的象征意义似乎是固定不变的（汉堡包几乎等同于整个美国），但库马尔在电影场景中并没有真正食用白色城堡制作的汉堡包。扮演库马尔的演员卡尔·潘（Kal Penn，原名凯尔朋·苏雷什·默迪 [Kalpen Suresh Modi]）是个素食主义者，只吃素食汉堡包。在向普通顾客推出素食汉堡包的十年前，白色城堡便为潘度身定做了素食汉堡包，让他以库马尔的身份大快朵颐。

如果哈罗德和库马尔在二十世纪七十年代与查尔斯·库拉尔特（Charles Kuralt）[16] 一起穿越美国大陆，他们可能会路过（或错过）舰桥汉堡包、有线汉堡包（Cable burger）、迪克西汉堡包（Dixie burger）[17]、

---

16 查尔斯·库拉尔特（1934—1997），美国新闻记者，长期在哥伦比亚广播公司工作，曾经坐着旅游车四处采访，记录美国普通家庭的历史。

17 迪克西（dixie）指美国南部各州及该地区的人民，与指美国北方人的扬基意义相对。

扬基汉堡包（Yankee Doodle burger）[18]、首都汉堡包（Capital burger）、五角大楼汉堡包（Penta burger，在五角大楼内出售）。或者他们也许会选择（也可能不会选择）："格拉巴汉堡包、金加汉堡包、罗塔汉堡包、城堡汉堡包、乡村汉堡包、布朗科汉堡包、百老汇汉堡包、烤汉堡包、牛肉汉堡包、贝尔汉堡包、豪华汉堡包、精选汉堡包、火焰汉堡包……哥们儿汉堡包、炭烧汉堡包、高个男孩汉堡包、金色汉堡包、747飞机汉堡包、神童汉堡包、俏皮汉堡包等各种各样的汉堡包。"

你可以在汉堡包上涂满黄油，然后配上玉米面包，或者配上花生酱和培根。多亏了《巴黎评论》（*Paris Review*）杂志的推广，你还可以尝试一下欧内斯特·海明威（Ernest Hemingway）的汉堡包食谱（用大蒜、刺山柑、葱、调味料和鸡蛋做酱料）。你可以在汉堡包里夹上些芙乐多（Fritos）玉米片（当然如果你是在德克萨斯州生活的话），或者夹上一颗熟鸡蛋。

---

18 "Yankee"音译"扬基"，即"美国北方佬"，是十八世纪英国人对美洲殖民地人民的称呼。"Doodle"音译"嘟得儿"，意思是傻瓜，蠢货，乡巴佬。

汉堡包的名称千奇百怪，品种也不胜枚举。这表明，汉堡包与美国本身别无二致，同样具有多元性。汉堡包原本是工人阶级所享用的一种膳食，却在被冠以城堡（Castles）、皇家（Royal）和国王（King）之名的餐馆里供应，从而获得了地位上的提升。在电影中，内心险恶的坏蛋大嚼汉堡包（《低俗小说》[*Pulp Fiction*]），心地纯良的好人也以汉堡包为食（《美国风情画》[*American Graffiti*]）。不过，事实证明，既然《美国风情画》中的主人公全都由白人扮演，就反映出餐馆服务员也全都是白人的事实。该片中出现的梅尔餐馆（Mel's Diner）成立于1962年。在二十世纪六十年代初，黑人不得在餐馆的吧台边工作。（噢，二十世纪六十年代加利福尼亚的乡愁，你真让人伤心失望。）

1962年，还有一个汉堡包同样引起了人们的注意：克拉斯·欧登伯格（Claes Oldenburg）[19]创作的《巨型汉堡包》（*Giant Hamburger*）。这个汉堡包并不是用牛肉作为食材，而是用塞满了泡沫橡胶和纸板盒的

---

19 克拉斯·欧登伯格（1929—）瑞典公共艺术大师。

帆布制作而成。这尊雕塑是由女裁缝大师帕蒂·穆查（Patty Mucha）缝制而成——Patty[20] 这个词让我们想起了汉堡包的定义：汉堡包就是个肉饼，通常是圆形。

欧登伯格认为艺术应该与日常生活、现实世界以及各种物品联系在一起。他把坚硬的物品软化处理，把巨大的东西缩小处理，但在面对着像汉堡包这样的小东西时，他又会采用放大处理的方式。1967 年 1 月 27 日，安大略美术馆（Art Gallery of Ontario）以两千美元的价格买下了《地板汉堡包》（*Floor Burger*）（延续《巨型汉堡包》的命名方式）。对于美术馆收购欧登伯格的《地板汉堡包》之举，有些美术系的学生表示抗议。他们提出了质疑："如果这也算是艺术，那艺术到底应该是什么？""一个亨氏番茄酱（Heinz Ketchup）的瓶子又该怎么算？"他们的气势咄咄逼人。他们提出将一个巨大的番茄酱瓶子捐给美术馆——此举倒是与汉堡包的风格不谋而合，因为番茄酱是汉堡包的首选调味品。也许他们当时应该提出的问题是："汉堡包到底应该是什么？"

---

20 "Patty"在英语中指牛肉饼。

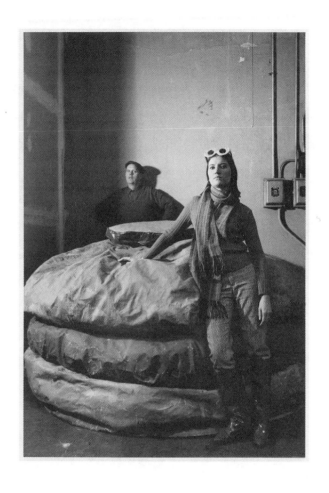

图 2　克拉斯·欧登伯格和帕蒂·穆查在霍华德街（Howard Street）
48 号欧登伯格的阁楼工作室

摄影：乌戈·穆拉斯（Ugo Mulas）。版权归乌戈·穆拉斯后裔所有。

策展人不仅在美术馆监督巨型地板汉堡包的制作，在餐馆里也可以找到他们制作素食汉堡包的身影。"有时你会看到用一百种原料制作而成的素食汉堡包——什锦汉堡包，"克洛伊餐馆（Chloe's）的主厨兼合伙人克洛伊·科斯卡雷利（Chloe Coscarelli）表示。"你在策划制作汉堡包时的感觉会更加妙不可言。"

《牛津食品指南》提醒我们，"以汉堡包之类的食品为食，也就是以烤熟的圆形肉饼或肉圆为食的历史可以追溯到很久以前。"汉堡包、肉饼、肉圆：这些食品不仅仅是用肉作为食材。哈吉斯（haggis）[21]正在一旁静候着变身为素食汉堡包吗？（开个玩笑而已）抑或法拉费（falafel）[22]只是等着人们简单粗暴地将其拍平后就可以变成肉饼了呢？（这个问题可要严肃

---

[21] 哈吉斯，或译哈革斯，是一道传统的苏格兰菜。它实际上就是羊杂碎，制法是先将羊的胃掏空，里面塞进剁碎的羊内脏如心、肾、肺，以及燕麦、洋葱、牛肉和香辣调味料等，制成袋，再水煮数小时，直到鼓胀而成。

[22] 法拉费是中东一带的料理，鹰嘴豆泥和调味料混合而成，捏成小球，经过油炸之后，就可以食用。以色列人会加上番茄、黄瓜和蛋黄酱等的调味料当作三明治，犹太人和阿拉伯人同样爱吃。

多了。)

就像公民本身这个令人困惑不已的概念一样,汉堡包的概念也并非一成不变。早在 1929 年,大力水手（Popeye）就已经颠覆了汉堡包的概念,当时菠菜赋予他（以及吃了菠菜的任何人）力量,而以汉堡包为食的那些家伙却很软弱不堪。在经济大萧条时期（The Great Depression）[23],大力水手的漫画非常受欢迎,菠菜在美国的销量增长了 33%。如今加牛肉饼的菠菜汉堡或者不加牛肉饼的菠菜汉堡包都已经问世。

长期以来,汉堡包这种"纯美式"膳食一直包含一种不稳定的因素,但这却并不是因为汉堡包会腐烂变质。从流行文化对其频频提及,到像比尔·盖茨（Bill Gates）这样的投资者致力于寻找能够养活全世界人口的非肉汉堡包,汉堡包的身份就像被扔进烤架前富含蛋白质的肉饼一样具有可塑性。也许汉堡包和以其为食的公民都在发生着变化。

13

---

23 经济大萧条是指 1929 年至 1933 年之间发源于美国,并后来波及整个资本主义世界的经济危机,其中包括美国、英国、法国、德国和日本等资本主义国家。

图 3　理查德·赫斯（Richard Hess），《吞噬纽约的汉堡包》
（*The Burger That's Eating New York*），《纽约》（*New York*）杂志的封面。
感谢：HessDesignWorks.com 网站提供的理查德·赫斯作品。

汉堡包

在汉堡包的发展历史上，有一个人不容小觑，他是个发明家，当然也是个"美国人"。正当他孤身一人痛苦摸索之际，突然间灵光乍现。可以说他就是快餐界的爱迪生（Edison），令面包和牛肉实现完美结合的亚历山大·格雷厄姆·贝尔（Alexander Graham Bell）。爱迪生和贝尔的家人通过申请专利巩固了他们二人的发明。在汉堡包的发展史上，事情却并没有朝着这一方向发展。紧跟在汉堡包发明者身后的是改进产品的创新者，追随在创新者身后的便是资本家，也就是特许经营商。特许经营商抓住了改进汉堡包的潜力，通过对消费者的欲望进行预测和主动引导，与创新者合作（或将其收购），成为资本家中的佼佼者。特许经营商对于在英语中财富源于肉牛的说法早已经坦然接受。"罗马学者瓦罗·雷腾思（Varro Retains）

（前116—前27）解释说'Omnis pecuniae pecus fundamentum（意思是'牛是一切金钱的来源'——在拉丁语中，表示财富的单词'pecunia'就来自于表示牛的单词'pecus'）。'cattle（牛）'一词源于中世纪英语和古老的北方法语'catel'，后期拉丁语[24]中的'captale'和现代拉丁语中的'capital'，意思是动产或重要财产意义上的'capital（资本）'。"

◎ 争议不断的"汉堡包之父"

16　　有些人在德克萨斯州或纽黑文的县集市上、午餐车上或路边的小饭店里会突然感悟到汉堡包的真谛。对于这些所谓的发明者而言，"首创者"的称号似乎就是为他们而设。这类故事全国皆知，在当地也算得上是个美谈。以1885年10月在威斯康辛州（Wisconsin）西摩市（Seymour）乌特加米县集市（Outagamie County Fair）上辛苦劳作的"汉堡查理

---

24 公元150年至700年所用。

（Hamburger Charlie）"——查尔斯·R.纳格伦（Charles R. Nagreen）为例。听到食客抱怨双手油腻时，纳格伦便把肉丸压平放在两片面包之间。威斯康辛州的西摩市便由此自诩为"汉堡包之乡（Home of the Hamburger）"。还有种说法，难道汉堡包之乡的主人公不应该是门切斯（Menches）家族吗？地点也不是在威斯康辛州，而应该是在纽约州西部？1885年，弗兰克·门切斯（Frank Menches）和查尔斯·门切斯（Charles Menches）两兄弟开着餐车，载着侄子罗伯特·门切斯（Robert Menches），三人一同前往汉堡参加在那里举行的布法罗集市（Buffalo Fair）。（你大概能猜得出来故事的发展方向了。）弗兰克把香肠碾碎，他们三人将其当作"熟肉饼"出售，并命名为汉堡包。或者，也许这故事是在俄亥俄州（Ohio）的萨米特县集市（Summit County Fair）上发生的？

与汉堡包别无二致，县集市也是具有"纯美式"特色的风俗，它能让人想起各种"纯美式"价值观并将之付诸实践。在十九世纪即将结束之际，县集市经历了"一段跌宕起伏的调整时期"。首先，娱乐活动的数量和种类都在增加（博弈的游戏，赛马而不是"速度测试"，晚间表演，嘉年华）。那是一个农业逐步朝着机械化发展迈进的时代，县集市不但提供了推广新型农业机械的机会，而且也以"你能买到家里没有的美味佳肴"而闻名于世。

17　　　令人倍感惊讶的并不是至少有三个县集市都在争夺汉堡包"诞生地"的称号，而是更多其他的县集市没有加入这场亲子之争。值得一提的是，这场争夺之战爆发时，DNA 鉴定手段尚未问世。不管汉堡包的诞生地是否真的就是县集市，一切却都必须从那里开始。在汉堡包成为美国的象征之前，县集市便扮演了这一角色。要想证明汉堡包有多"美国"，还有什么比令其诞生在这个具有历史意义的"美国"地方更佳的方法呢？县集市保证了汉堡包的"美国"血统。具有讽刺意味的是，设立县集市的初衷是为了让农产品大放异彩，如今却在推广一种与工业化密切相关的食物。

　　　或者，汉堡包诞生于"供应午餐的马车"上。餐车可以停放在工厂大门外，汉堡包的低廉价格令其成为工人的首选。有人声称在纽黑文的路易斯午餐店（Louis' Lunch）是白面包汉堡包三明治的发祥地。1900 年，至少有人跟我们说是那一年，路易斯·拉森（Louis Lassen）为了及时给一位行色匆忙的绅士上菜，便把"碎牛排馅料夹在两片吐司之间"。1974 年，由于纽黑文的发展需求，路易斯午餐店面临着被夷为平地的危险。此事引起了《纽约时报》（ *New York Times* ）的注意。该报以《"汉堡"的诞生地》（ *"Burger" birthplace* ）为标题做了报道——不过，"汉堡"二字两旁的引号表明，《纽约时报》对这一说法明显存疑。

尽管如此，来自纽黑文的这种说法并没有得到那位德克萨斯州商人、达拉斯牛仔队（Dallas Cowboys）[25] 的创始人小克林特·默奇森（Clint Murchison, Jr.）的认同。据推测，默奇森曾说过，"如果我们任由那些北方佬宣称他们发明了汉堡包，那么他们下一步就会说辣椒也是他们发明的。"默奇森辩称，汉堡

---

25 达拉斯牛仔队是隶属于美国国家橄榄球联盟的一支橄榄球球队。总部位于得克萨斯州北部的达拉斯，有"美国之队"美誉，于1960 年加盟国家橄榄球联盟，拥有众多球迷支持。

包的发明者是来自于德克萨斯州阿森斯（Athens）的弗莱彻·戴维斯（Fletcher Davis）。戴维斯在法院广场上摆了个午餐摊，在那里兜售汉堡包。在 1904 年举办的圣路易斯世界博览会（St. Louis World's Fair）上，推广这种新型食品的就是戴维斯吗？人们认为，1904年的世博会是汉堡包的另一个诞生地，而且该世博会令很多食品变得流行起来，其中包括：炼乳、金橘、冰淇淋蛋卷、热狗和汉堡包。

即便汉堡包的诞生地既不是县集市也不是午餐摊位，但诞生于"美国"的汉堡包与美国史料中记载的其他内容也存在着千丝万缕的联系。1891 年，奥斯卡·韦伯·比尔比（Oscar Weber Bilby）在俄克拉荷马州（Oklahoma）的塔尔萨（Tulsa）制作了一个烧烤架后，便用新鲜牛肉制作了牛肉饼。他太太做了些经过发酵的小圆面包，比尔比就把牛肉饼夹在那些小圆面包里。数百人享用了"第一批"汉堡包。那一天是哪一天呢？那天碰巧就是 7 月 4 日 [26]。

---

26 7 月 4 日是美国国庆日。

汉堡包的诞生地到底是纽约州西部、康涅狄格州、威斯康星州、俄亥俄州，还是俄克拉荷马州抑或是德克萨斯州？在这场争论中——这些说法往往建立在未经证实的断言和自豪的家族成员所提供的证词之上——有一点很重要：汉堡包的确诞生于美国的某个地方。至于整件事具体发生在美国什么地方的争论则证实了汉堡包的"美国性"。尽管对汉堡包的发明者说法不一，但"美国人"的聪明才智才是真正的汉堡包之父。

◎ 创新者和资本家

汉堡包在二十世纪初的发展并非一片坦途。厄普顿·辛克莱（Upton Sinclair）[27] 在 1906 年出版的《屠场》（*The Jungle*）一书中提出了对牛肉的疑虑：

19

---

27 美国现实主义小说家。"社会丑事揭发派"作家。1906 年发表《屠场》，描写大企业对工人的压榨和芝加哥屠宰场的不卫生情况，引起人们对肉类加工质量的愤怒，最终食品卫生检查法制定。

有一些工作工厂要隔上很长一段时间才会出钱找人来做，其中就包括卸废物桶。每年春天，他们都会来上这么一回；桶里全都是烂泥、铁锈、钉子和脏水——他们就把装了一车又一车的脏水桶提起来，将里面的东西一股脑全都倒进装满鲜肉的料斗里，然后就运送出去，最后端上了大众的早餐桌。

书中对糟糕的卫生状况的描述引发了人们的担忧，"还有什么是陆地上的肉类所不包含的？"

辛克莱这部作品的初衷是将工人的处境展现在世人面前，但却引发了消费危机。辛克莱抱怨道："我瞄准的是公众的心脏，却不小心击中了胃。"结果，美国食品药品监督管理局（Food and Drug Administration，FDA）成立，人们开始怀疑汉堡包的组成成分。汉堡包需要恢复名誉。

◎ 白色城堡

专业厨师沃尔特·安德森（Walter Anderson）想要制作一个美味可口的汉堡包。正如他未来的合作伙伴所描述的那样，"要是他自己想要做一个三明治，就会在烤架上放一大块肉，用铲子将其压在洋葱丝上，令洋葱味道融入肉饼，接着把肉饼翻过来炙烤；将切成两半的小圆面包都放在肉饼上，充分吸收其热量、肉汁和香味，最后再用猛火烤上一小会儿。"

1916年，安德森盘下了一个旧鞋修理店后便开始了自己的本门生意，烤架就放在餐馆食客的眼前。接着，他又开了两家分店。比利·英格莱姆成为他的合作伙伴。1921年，他们二人共同创办了美国第一家汉堡包快餐连锁店——白色城堡：白色象征着纯洁、干净，而城堡象征着力量，以安抚那些处在后《屠场》时代内心忐忑不安的消费者。

1924年成立的"白色城堡饮食公司（White Castle System of Eating Houses Corporation）"引入了食

品加工的标准化程序，提供了可以外卖的平价食品。随着汉堡包自身将肥肉和瘦肉均匀地混合在一起，快餐"汉堡包"便开始朝着令不同民族的食物实现同质化的方向迈进。白色城堡的宣传口号朗朗上口，"拿大口袋买汉堡包"，而人们对此竟言听计从。比利·英格莱姆是汉堡包界的亨利·福特，最终在1933年买下了安德森的全部股份。

实行私有制的白色城堡严格控制规模扩张，只允许公司所属门店开展经营业务。此举虽然限制了公司的发展规模，但却保证了产品质量。白色城堡在规范食品制作和推广汉堡包等两方面取得了成功，但在《屠场》一书的影响下，一系列模仿者也应运而生：白色钟表（White Clocks）、白色山峰（White Crests）、白色杯子（White Cups）、白色钻石（White Diamonds）、白色穹顶（White Domes）、白色小屋（White Hut）、白色恩赐（White Manna）、白色侏儒（White Midgets）、白色宫殿（White Palaces）、白色斑点（White Spots）、白色酒馆（White Taverns）、白色塔楼（White Tower）。如果不是通过重复使用白色这两个字来唤起纯洁和干净的感觉，白色城堡的模仿者就会选择另一方面——稳定性，比如：银色城堡（Silver Castles）、蓝色城堡（Blue Castles）、国王城堡（Kings Castles）、皇家城堡（Royal Castles）、蓝色塔楼（Blue Towers），或者红色灯塔（Red Beacons）。

◎ "你们愿意实行特许经营吗？"麦当劳兄弟和雷·克洛克

　　汉堡包作为一种产品，是在一种性格文化及生产文化向消费文化及个性文化转变的过程中出现的。汉堡包特许经营店在第二次世界大战结束后"令人窒息的文化产品同质化"时期得到了蓬勃发展。特许经营店的成功"与战后郊区的发展、国家高速公路系统的扩张以及职业女性的急剧增加密切相关"。此外，它还得益于合理的价格。"从二十世纪五十年代开始，牛排的价格通常会高于猪肉和火腿，而汉堡包的价格却出奇地统一，甚至低于任何一种猪肉产品。"

　　1937 年，理查德·麦当劳（Richard McDonald）和莫里斯·麦当劳（Maurice McDonald）联手开了一

家麦当劳兄弟免下车汉堡包店（McDonald Brothers Burger Bar Drive In）。二十名女服务员负责点单、送餐（送的是热狗而不是汉堡包）和收款等业务。1940年，兄弟俩将免下车汉堡包店迁到了一个新址。二战后，他们的目标受众变成了家庭。1948年，兄弟二人决定停业三个月。再见啦，女服务员们！再见吧，瓷器和餐具！两兄弟把以前烤架的尺寸扩大了四倍，并辅以特殊设计。他们开发了新的厨房设备（手持不锈钢泵式分配器，便携式不锈钢餐桌转盘），食物则分别被装进纸袋里、用包装纸包起来或者装在杯子里。（丢失餐具的现象也从此销声匿迹。）他们将以前菜单上供应的食品减少了四分之一：只留下了九种食品，其中最重要的就是牛肉汉堡包和奶酪汉堡包。调味料也实现标准化：番茄酱、芥末、洋葱和两种酸黄瓜。正如亨利·福特通过流水线作业（受到芝加哥屠宰场分割流水线的启发）提高了个人工作效率和生产率一样，麦当劳餐厅的工人们也发现自己在一条制作汉堡包的流水线上重复着同样的工作。烹饪历史学家安德鲁·史密斯（Andrew Smith）称之为"军事化的生产体系"。

对消费者而言，产生的结果就是在点单前他们的食物就已经准备妥当。

自助式服务窗口要求人们从车上下来才能点单，而且还允许孩子们自己点餐。二十世纪五十年代初，麦当劳兄弟在此成功营销模式的基础上，开展特许经营，售卖了二十一家特许经营门店。与此同时，理查德·麦当劳在一个由建筑师设计的矩形斜屋顶建筑上增加了两座拱门，这样人们在开车时就能一目了然。麦当劳餐厅请了一位标牌制作者——来自霓虹灯标识公司的乔治·德克斯特（George Dexter）——制作拱门。1953年，那两座名扬天下的明黄色拱门首次出现在世人眼前。

雷·克洛克是一名奶昔机销售员，他对这家从自家公司订购了那么多机器的餐厅感到非常好奇，于是来到这家餐厅看了看，后来便将其拿下。他在自传中讲述了自己的成功故事。如今，电影《大创业家》（*The Founder*）已经将他的传奇故事展现在观众面前。精典荟萃出版社（Cliff Notes）的版本可能是这样的：1954年，雷·克洛克成为麦当劳兄弟特许经营权的独家经

23

销商。1955 年 3 月 2 日，克洛克成立了麦当劳系统公司（McDonald's System, Inc.），并在伊利诺伊州（Illinois）的德斯普兰斯（Des Plaines）开办了自己的第一家麦当劳餐厅。克洛克和麦当劳兄弟之间的冲突接踵而至。克洛克想改变设计；他需要获得麦当劳兄弟的许可后才能实施计划。克洛克实行特许经营的前景规划与麦当劳兄弟的看法无法达成妥协。于是，克洛克买下了他们的股份，并获得了麦当劳的商标，从而剥夺了麦当劳兄弟在自家餐厅里展示自己姓氏的权利。克洛克在他们餐厅的对面又开了一家麦当劳餐厅，与之形成竞争之势，最终导致麦当劳兄弟的餐厅关门大吉。为了进一步撇清麦当劳兄弟的影响，德斯普兰斯店被称为麦当劳 1 号店。

跟麦当劳兄弟迥然相异的是，克洛克可不是什么发明家。事实上，"他（克洛克）曾经想推出的每一种食品——而且这张单子可以列很长——都在市场上遭遇惨败。"与麦当劳餐厅有关的创新产品大多来自特许经销商，例如：双层巨无霸汉堡（Big Mac）就是受到 1937 年加利福尼亚人鲍勃·韦恩（Bob Wein）所发明的"大男孩汉堡包"的影响，此外还有鱼片、吉士蛋麦满分（Egg McMuffin）和麦当劳叔叔（Ronald McDonald）。二十世纪六十年代末，开始无视麦当劳餐厅对女员工招聘禁令的正是加盟商。

啊，不过，雷·克洛克和哈里·桑那本（Harry Sonneborn）却率先在二十世纪五十年代开始发展一种独特的特许经营模式。他们只出售单一商店的特许经营权，而不是独占地域协议（后者是一种更容易赚钱的方式）。在麦当劳餐厅的体系下，如果一个加盟商表现不佳，他将无法获得其他特许经营权；只有成功的特许经销商才能进行扩张。

1956 年，麦当劳公司旗下的一家子公司"特许经营房地产公司（Franchise Realty Corporation）"成立，主要为加盟商处理土地交易方面的问题。起初，该公司租用土地，并将租金、财产保险和税收等费用通过一种确保利润的复杂方式转嫁给特许经营商。（例如，他们收取一笔保证金，其中一半将在第十五年返还，这样他们就可以无息使用该资本。）然后他们开始购买土地，而不是租用土地。桑那本曾说过，麦当劳公

24

司更专注于房地产业务，而非餐饮业的发展。

在电影《大创业家》中有这样一幕：在位于伊利诺伊州德斯普兰斯的第一家麦当劳餐厅前，雷·克洛克跪下身子抓起一把泥土。当他和哈里·桑那本创立特许经营房地产公司时，他们控制着未来所有麦当劳餐厅都将建立在其上的土地。电影又回到了这个场景，但当克洛克第二次弯腰抓起一把泥土后，却将泥土抛撒在一张美国地图上。

1974年，《纽约时报》的记者米米·谢拉顿（Mimi Sheraton）为《纽约》杂志撰写了一篇关于麦当劳餐厅的封面文章。"麦当劳餐厅的食物难吃到无可救药，没有任何可取之处。"她在开头处写道。"那里的食物都是由重型机械碾磨、揉制和挤压而成，因此其质地有点像熏肠，煮熟后就会变得像胶皮一样。"詹姆斯·比尔德（James Beard）[28] 称麦当劳餐厅是"吐出

25

---

[28] 詹姆斯·比尔德是享誉美国的美食和烹饪大师，是美食专栏作者，也是广播和电视节目的常客。作为美式烹饪的鼻祖，比尔德先后出版了《詹姆斯·比尔德食谱》《美式烹饪》等十几本美食图书。他去世后，美食界的"奥斯卡奖"——"詹姆斯·比尔德奖"设立，以嘉奖如比尔德一样为美食界做过贡献的人。

汉堡包的巨大机器"。他还说过："麦当劳餐厅的汉堡包肉饼是一块没有个性的肉。"这种毫无个性的汉堡包不仅征服了美国，还进入了国际市场：从1967年进入加拿大到2016年打进梵蒂冈城，法国、土耳其、中国、卡塔尔以及其他近一百二十个国家都可以看到麦当劳餐厅的身影。

◎ 从英斯达汉堡王到汉堡王

　　1953年，当英斯达汉堡王（InstaBurger King）在杰克逊维尔（Jacksonville）[29] 创立之时，佛罗里达州（Florida）到处都是拥有大批忠诚消费者的其他汉堡连锁店。创始人基思·J.克雷默（Keith J. Kramer）和马修·伯恩斯（Matthew Burns）发明了一种自动烤箱，这种机器依靠"一种链式输送系统，用金属篮把汉堡包送进烤箱"。

---

29 佛罗里达州最大城市。美国东南部商业、金融、保险的中心地之一。
　　位于该州东北部。

大卫·艾杰敦（Dave Edgerton）是英斯达汉堡王的第一位特许经营商。1954年，他开始与迈阿密（Miami）的餐馆老板吉姆·麦克拉摩（Jim McLamore）联手做生意。他们二人在迈阿密地区开办了几家餐馆。与其他帮助扩展特许经营的"资本家"不同，他们俩都毕业于康奈尔大学（Cornell University）酒店管理学院（School of Hotel Administration）。

烤箱的机械创新给汉堡包生产带来的任何好处都被其设计缺陷所累，结果导致故障频发。艾杰敦重新设计了烤箱，令其变得更加实用。

26　　在外部投资的帮助下，艾杰敦和麦克拉摩又开设了几家分店，但对顾客而言，这几家店却不具备佛罗里达州其他汉堡店那样的吸引力。麦克拉摩听说盖恩斯维尔（Gainesville）有个汉堡包外卖摊，出售一种重量为四分之一磅的汉堡包。受此启发，麦克拉摩创造了"Whopper（皇堡）"这一叫法，既推出了皇堡这种产品，也推出了皇堡这一品牌——汉堡王，皇堡之家（Home of the Whopper）。1957年，他们开始用新的菜单、新的店名和重新设计的烤箱设备对餐馆实行特许经营。两年后，艾杰敦和麦克拉摩收购了这家公司。他们生产烤箱，将其销售给特许经销商，并以物资供应的方式销售各种食品原料。1967年，品食乐集团（Pillsbury）收购了汉堡王，这让麦克拉摩后来后悔不已。多年来，汉堡王多次在各种企业集团和投资公司中间转手。截至2017年，总部位于加拿大的国际餐饮品牌（Restaurant Brands International）将其收至麾下。

麦克拉摩不无嫉妒地承认，麦当劳公司在控制特许经营房地产方面的创新为该公司提供了更大的控制权和更多的利润。

二十世纪中后期，以销售汉堡为主打产品的连锁店层出不穷——温迪餐厅（Wendy's）、卡尔汉堡（Carl's）、哈帝汉堡（Hardee's），还有一些汉堡店昙花一现后便杳无踪迹。食品连锁店的一个"魔法师学徒"（sorcerer's apprentice）[30]产生了一个初级想法：

---

30 《魔法师学徒》是由迪斯尼电影公司和制作人杰瑞·布鲁克海默联手奉献，导演乔·德特杜巴携《国家宝藏》原班人马共同打造的一部电影。

将价格低廉的肉类夹在小圆面包里。各家连锁店对此进行了创新；例如，玩偶匣汉堡店（Jack in the Box）是第一家提供免下车窗口服务的连锁店，开创了一种全新的发展趋势。经过两年的研究，温迪餐厅的"金汉堡计划（Project Gold Hamburger）"更新了他们的汉堡包菜单——"戴夫多汁汉堡包（Dave's Hot' n Juicy）"以新鲜腌制的酸黄瓜、两片奶酪、红洋葱（而非白洋葱）、烤面包和较厚的肉饼为特色。2013年，戴夫汉堡令该公司在销售额上超越汉堡王，成为"美国第二大汉堡连锁店"。

除了品食乐集团在1967年收购了汉堡王外，其他汉堡连锁店也先后被并入了更大的机构，包括1967年被美国通用食品公司（General Foods）收购的拥有八百家分店的汉堡厨师（Burger Chef），以及1968年被普瑞纳公司（Ralston Purina）收购的玩偶匣汉堡店。与此同时，美国最大的食品工业是肉类包装和加工，这些实体也都被食品业巨头和银行收购。例如，在二十世纪七十年代，摩根集团（Morgan）是斯威夫特公司（Swift）、约翰·莫雷尔公司（John Morrell）和美国牛肉包装公司（American Beef Packers）等三家公司母公司的控股金融集团。上述三家公司的母公司分别是埃斯马克公司（Esmark）、联合品牌公司（United Brands）和通用电气信贷公司（GE Credit Corp.）。

到二十世纪七十年代中期，美国消费的牛肉中有40%是绞碎的牛肉糜。在家庭以外消费的牛肉的统计数字甚至更高——1997年，75%的牛肉作为汉堡包夹心肉饼出售。2014年，全美消费了九十亿份汉堡包。

2014年，《消费者报告》（*Consumer Reports*）杂志要求消费者对他们所购买的汉堡包从最恶心到最美味进行评级。在二十种汉堡包中，麦当劳餐厅排名最低，位列哈帝汉堡、白色城堡和卡乐星汉堡店（Carl's Jr.）之后。其他得分较低的汉堡包分别是玩偶匣汉堡和汉堡王。

◎ 汉堡包是用什么做的？

汉堡包——无论在《消费者报告》提供的名单上排名最高还是排名最低——到底是用什么制作而成？

28

美国农业部（US Department of Agriculture）根据汉堡包所含的成分给出了定义。汉堡包

> 应该由切碎的新鲜牛肉和 / 或冷冻牛肉组成，添加或不添加牛肉脂肪和 / 或调味料，脂肪含量不得超过 30%，不得添加水、磷酸盐、粘合剂或填充剂。牛脸肉（精挑细选的牛脸肉）必须根据本节（a）段规定的条件（即：如果少于牛肉总含量的 25%，则不做标记）才可用于制作汉堡包。

如果你打算在家里做一个基本款的汉堡包，大多数食谱都会给出如下建议：绞碎的牛颈肩肉 + 盐 = 基本款汉堡包。人们认为，绞碎的牛颈肩肉属于脂肪含量适当、味道十足且多汁的分割肉。一般来说，遵循的比例是 80% 的瘦肉和 20% 的脂肪。二十世纪五十年代末，麦当劳餐厅开发了一种汉堡包配方，"83% 的瘦颈肩肉（最好是牛肩肉）来自喂食草料的肉牛，17% 的精选牛胸肉（胸腔下方）来自喂食谷物的肉牛。"

比利·英格莱姆也想要白色城堡生产的汉堡包在

口味和脂肪之间取得平衡，所以"在每个城市，我们都非常小心谨慎地选择了一家肉品供应店，并坚持做到两点：只有美国政府检验合格的牛肉才能用于制作 汉堡包，而且必须按照特定的比例标准绞细，有些特定的分割肉可以给汉堡包提供真材实料，而其他分割肉则令汉堡包美味可口，脂肪含量也恰到好处。"

1925 年，英格莱姆在《威奇塔雄鹰报》（*Wichita Eagle*）上发表文章，向公众保证，称大家对他所提供的牛肉大可以放心食用："肉店每天给我们送来鲜牛肉，少则两次，多则四次。所有剩余的牛肉都会退回去。肉店送来的鲜肉在四五个小时之内就会被加工成汉堡包。"他向消费者保证，只有新鲜宰杀的牛肩肉绞碎才能充当制作汉堡包的原料。

图 4　吉尔·琼斯（Jill Jones），《他们的日子屈指可数》
（*Their Days Are Numbered*），40 厘米 ×60 厘米，木炭粉彩版画。
版权归吉尔·琼斯所有。

牛肉汉堡包

经过驯化的家牛是强壮的野牛的后代。野牛四蹄 ³¹着地时从地面到牛肩的垂直高度足有 6.5 英尺（1.98米左右）——几千年后，牛肩肉却成为喜食汉堡包的公众眼中的美味佳肴。大约一万年前，野牛进化成三个各不相同的驯化品种：亚洲牛、近东（Near East）<u>31</u>和欧洲牛、非洲牛。公元前一万七千年的欧洲洞穴壁画对欧洲野牛做了描绘。十五世纪，由于人类的狩猎活动，再加上为了驯养野牛的近亲而清理林地、大建牧场，这些野牛便从此绝了踪迹。到了十五世纪末，经过驯化的家牛便被引入了北美大陆。

<u>31</u> 近东是欧洲人通常指的地中海东部沿岸地区，包括非洲东北部和亚洲西南部，但伊朗、阿富汗除外，有时还包括巴尔干。

◎ 牛来到北美

"纯美式"汉堡包主要构成成分的历史始于殖民主义时期。西班牙人在"新世界（New World）"设立殖民地时，也带来了牛。哥伦布在开启第二次西印度群岛（West Indies）之行时随身携带了"经过驯化的西班牙长角牛，只不过数量未知，他打算将其引入伊斯帕尼奥拉岛（Hispaniola，今天的多米尼加共和国 [The Dominican Republic]）。"欧洲人带来了牛，也带来了牛源性疾病、结核病、牛瘟（麻疹）和牛痘（天花）。"由于从未接触过牛以及各种与牛有关的疾病，大量土著人很快就因为细菌感染而一命归阴。"

伊丽莎白·罗津（Elisabeth Rozin）在《原始芝士汉堡包》（*The Primal Cheeseburger*）一书中为牛的到来欢呼喝彩："1492 年，哥伦布在巴哈马群岛（Bahamas）登陆。这对芝士汉堡的发展来说可谓一大飞跃，因为南北美洲都有大片的原始草原和平原，为养牛业的发展提供了丰富的牧草资源，而且该资源似乎取之不尽用之不竭。"实际上，罗津错了：在殖民者看来，这里是一片原始的草原和平原，但北美土著人、野牛、牧草和鲜花早已占据了这片土地。

十六世纪初，西班牙征服者将伊比利亚半岛（Iberian Peninsula）上的牛引进到今天美国的西南部地区。这些克里奥尔人（Criollo）[32] 已经习惯了当地炎热干燥的气候。十六世纪末，五千头克里奥尔牛抵达了墨西哥（Mexico）北部以及后来的美国新墨西哥州（New Mexico）附近地区。这些牛就是德克萨斯长角牛的祖先。

与西班牙人如出一辙，英国人也把牛带进了他们建立的殖民地。1611 年，牛的身影就已经出现在弗吉尼亚的詹姆斯敦（Jamestown）殖民地。

这些输出到美洲大陆的牛不仅给殖民者提供

---

[32] 这个名称在十六到十八世纪时本来是指出生于美洲而双亲是西班牙人的白种人，以区别于生于西班牙而迁往美洲的移民。在西班牙殖民时期的美洲，克里奥尔人一般被排斥于教会和国家的高级机构之外，虽然法律上西班牙人和克里奥尔人是平等的。

了牛奶、劳动力和牛肉，而且还成为英国人眼中的文明生活的象征：英国人认为牛有助于打造大英帝国（English Empire）。1656 年，下议院（House of Burgesses）[33] 做出裁定，给印第安人一头牛"将是让他们走向文明开化，令他们成为基督徒的一个步骤"。为了得到牛，印第安人必须向当地官员上交八个狼头，作为回报，他们便可以用牛来耕种土地；于是，印第安人开始了定居生活，成为有活可干的农民，而不是无序、懒散和混乱的猎人。[34]

如果将美洲土著人和殖民者与这块土地之间的关系进行比较，我们便可以发现这两种关系之间存在着天渊之别。环境历史学家威廉·克罗农（William

---

[33] 指殖民地时期弗吉尼亚及马里兰州的民选政府。

[34] 作者注：人们对此处语言的使用存有争议。虽然作者原文没有使用引号，但确实也不相信可以用"无序、懒散和混乱"这些词描述北美土著居民；但作者的下一句话中在"文明"一词上的确加了引号。

Cronon）解释道：

> 在印第安农村，大部分肉类和衣服都源自野生的觅食哺乳动物，如鹿和大角麋，这些动物的数量远远低于它们被驯化了的后代。因为在一定面积的领地里，如果野生动物的数量减少，那么所需的食物量也随之减少，而它们对赖以生存的土地所产生的生态影响也会降低。而与此同时，殖民者蓄养牲畜所需要的土地比所有其他农业活动加起来所需的土地量还要多。

随着圈养动物的到来，野狼被彻底消灭，围栏遍布了整个乡村地区。尽管如此，牛经常啃食并破坏美洲土著居民的农田，这最终导致他们不得不用篱笆将自己的土地围起来，以保护农作物不再遭到破坏。

当殖民者在十八世纪末成为美国的新兴公民时，他们饲养的牛所具有的吞噬土地、吞噬森林的本性丝毫未减；牛类饲养业属于土地密集型产业（畜牧业现在占据了地球陆地总面积的三分之一）。美国土地用

34

途的变化最终导致土壤耗竭。克罗农描述了"砍伐森林(为了建造更多的牧场),具有破坏性的洪水的增加,土壤的板结,放牧牲畜所造成的农作物密植,犁耕——所有这些都令水土流失问题不断恶化。"

早在十九世纪六十年代,乔治·马什(George Marsh)[35] 就已经针对畜牧业对环境所造成的影响发出了预警:当时,"家畜"的数量是"联邦"中"人类"数量的三倍。马什写道:"我已经说过,农业发展的需求是造成森林破坏的主要原因,而家畜对幼树的生长尤其有害。但这些牲畜以一种更加恶劣的方式对森林产生了间接影响,因为农用地的面积在很大程度上取决于人类所饲养的牛的数量和种类。"

马什还描述了肉类生产的低效:

饲养家畜以及给家畜增膘所消耗的牧草和谷

---

35 乔治·马什(1801—1882)美国地理学家,外交家。自然资源保护论者。著有《人与自然:人类活动所改变了的自然地理》。马什被称为"现代环境保护主义之父",其著作也被誉为"环境保护主义的源泉"。

物需要大量的土地。如果将这些土地专门用来种植制作面包的原材料，那么所产生的营养总量将远远大于家畜肉所能提供的营养；而且，总的来说，无论我们可以从畜牧业的发展中如何受益，但考虑到美国原始林地转用于畜牧业用地的总面积，即便扣除了足以出产相当于肉用牲畜总量的粮食数量后，仍然大大超过了该地区民众可用于直接消费的蔬菜种植面积。这一点显而易见。

回首过去，我们常常把西部地区的"开发"以及与之相伴相生的牧牛之地，视为美国形成以肉食为主的饮食结构的催化剂。然而，英国人以牛肉为食却也已经有几个世纪的历史。"除了荷兰，英国的人均家畜数量和耕地面积在欧洲都可谓首屈一指。"事实上在十九世纪，很多人都认为，像英国这样的殖民主义国家之所以能成功地征服那些非西方国家，就是因为英国人是肉食动物，而在殖民地生活的民众却以米饭为食。十九世纪的一位营养学家如此说道：

以大米为食的印度人、中国人以及以土豆为食的爱尔兰农民都遭到了饮食营养充足的英国人的奴役。拿破仑（Napoleon）之所以在滑铁卢战役（Waterloo）中铩羽而归有着诸多原因，但其中最主要的一个原因是他第一次与以牛肉为食的民族当面抗衡，这些以牛肉为食的家伙就站在那里，岿然不动，直到战死为止。

36　　英国的牛肉爱好者是美国喜食汉堡包者的前辈先驱。雷维尔•内茨（Reviel Netz）在《带刺铁丝网》（*Barbed Wire*）一书中指出，"北大西洋的居民保留了重视牛肉的饮食传统。"其结果是，"在美国，不是西方打造东方饮食，而是东方饮食打造了西方。在其他地方也是如此：地球上如此多的土地如今都被用来养牛，这一现象可以反映出整个世界在很大程度上就是被波士顿、纽约、伦敦和柏林所统治。那些城市的民众可不喜欢吃米饭。"

◎ 牛在美国南北战争 [36] 结束后的生存状况

十九世纪，人类最经常食用的动物肉仍然是猪肉。因为"直到十九世纪七十年代，使用一系列保存方法——熏制、浸酸、腌制——加工出来的猪肉比牛肉更加美味可口，而且往往更容易获得人类的信任，尤其是在人们不太信任鲜肉品质的温暖地区。"咸牛肉可不太容易让人食指大动。

十九世纪中叶，南北战争爆发之时，德克萨斯人离开了才刚加入联邦政府没多久的德克萨斯州、开始为南部联盟（Confederacy）而战时，他们留下的长角牛数量大幅度激增。内战结束后，牛群自行开创出来一条道路，将自己运往市场。这些在战后时期实行自我运输的牛群被人们赶到北方地区。直至死亡，它们一直都是自己解决进食和饮水两大问题。

---

36 南北战争，即美国内战，是美国历史上唯一一次内战，参战双方
   为北方美利坚合众国和南方的美利坚联盟国。战争以南方联盟炮
   击萨姆特要塞为起点，最终以北方联邦胜利告终。

◎ 集中屠宰

　　卡尔·桑德堡（Carl Sandburg）[37]或许将芝加哥称为"世界驰名宰猪者（hog butcher of the world）"，但芝加哥后来却被世人称为"世界牛都（The Great Bovine City of the World）"，每天宰杀牛的数量为2.1万头。1865年圣诞节，芝加哥联合牲畜饲养场（Union Stock Yard）正式营业。九家铁路公司的路线在距离市中心四英里（约合6.4千米）远的牲畜围场处汇集。到了1868年，两千三百个牲畜围栏占地一百英亩（约合四十公顷）。这些饲养场也成为芝加哥家畜经销商和肉联厂厂主的聚集地。"他们在农民、畜牧业者和屠夫之间建立了错综复杂的新联系，从而创建了一个新的企业网络，逐渐承担起在北美各地肉类运输和肉

---

[37] 卡尔·桑德堡，是一位美国诗人、传记作者和新闻记者。被誉为"人民的诗人"的卡尔·桑德堡运用通俗语言和平常讲话时的节奏描绘了先驱在开拓的日子里的赤裸而又强有力的现实主义以及美国工业化扩张。《芝加哥》是他的早期诗作之一。

类加工的责任。"随着铁路成为家畜运输的主要交通工具，苏格兰和英格兰[38]的资本家也参与其中，开始在肉类加工和铁路建设方面投资。

直到十九世纪七十年代，西方肉类生产的结构"在很大程度上仍然极为分散"，并没有实现统一，但铁路"加速了实现集中化的趋势"。铁路不但打破了空间限制（自然水道和运河），也打破了季节限制（河流冰冻）。

一开始，人们将活牛装上开往美国东部的火车。随着制冷技术的发明，罐装肉类这一替代品便随之问世。冷藏不仅延长了牛肉的食用时间，还使分割牛肉得以运输到其他地方。运输分割肉比运输整头牛的费用更加低廉，因为分割肉的重量更小。（人们认为一头牛的 40%—50% 不能食用。）在口味和价格上，"新鲜"的牛肉可以与猪肉抗衡。在芝加哥，牛肉首先可以按不同部位进行分割，接着再利用牛肉的副产品创造一个有利可图的二级市场，同时鼓励垄断企业的发

38

38　英格兰和苏格兰是英国的组成部分。

展。到了1916年，"五家公司垄断了整个肉类加工行业，经联邦政府检验合格后，超过82%的肉牛都是由这几家公司负责宰杀。这五家公司分别是阿莫尔公司（Armour）、斯威夫特公司（Swift）、威尔逊公司（Wilson）、莫里斯公司（Morris）和卡德希公司（Cudahy）。"

◎ 野牛的毁灭

南北战争结束后，野牛几近灭绝的事实催生了汉堡包。十九世纪初，大约有两千万到三千万头野牛生活在大平原上。每逢夏末，野牛成群结队，少则五十头一群，多则二百头一群，纷纷朝着一个地点聚拢，于是，成千上万头野牛便"在满天飞扬的尘土中乱哄哄地打转翻腾"。

随着联合太平洋铁路公司（Union Pacific Railroad）和堪萨斯太平洋铁路公司（Kansas Pacific Railroad）的不断扩张，猎人便可以轻易走进野牛生活的地区，从火车车厢里直接向牛群开枪。接着，"在1870年，费城制革厂拥有了完善的技术，可以将野牛皮加工成柔软诱人的皮革。这无疑是一场灾难。第二年，一切就都乱了套。"环境历史学家威廉·克罗农（William Cronon）报告说："在铁路和皮革市场出现的四年内，仅在南部平原就有四百多万头野牛死亡。"理查德·道奇（Richard Dodge）用颇具诗意的笔触描述了野牛的死亡："野牛像雪一样在夏日的阳光里融化。"

野牛群随风而逝——生活在北美大平原（The Great Plains）上的印第安人的食物来源也消失殆尽。野牛的灭绝是北美土著居民被迫进入保留地[39]的推力之一。人们普遍认为消灭野牛"是终结平原地区印第安人抵抗的必要手段"，而生活在保留地的印第安人"现在都依靠联邦政府提供食物"。美国内政部印第安事务局（Indian Department）每年购买数百万磅重的牛肉，"以提供给在印第安保留地上生活的居民，一些重要的牧场主由此获得了利润丰厚的政府合同，为他们大型企业的发展奠定了基础。"

---

[39] 保留地是美国人对印第安人驱逐的最后地区。

◎ 带刺铁丝网

北美大草原和大平原还需要一种暴力技术来巩固应对印第安人和野牛以及饲养家牛过程中所获得的收益：一种价格合理、易于运输、用于制作围栏的材料。几年来，在美国中西部地区的土地上，放牧牛群无需缴费。"大型牧场主试图通过收购泉水和溪流附近的土地，来消除竞争对手进入牧场的机会，从而获得对依赖这些水源和草场资源的周边地区的控制权。"牛群将当地草原上的青草啃食干净后，自由放牧地便也随之消失。农民和牧场主都希望通过控制土地来保护自己的利益——但用于修建围栏的木材却非常稀缺。

40　　1873 年，伊利诺伊州的农民约瑟夫·F. 格利登（Joseph F. Glidden）为带刺铁丝网这项发明申请了专利。德克萨斯州的农场主们将其称为"恶魔之绳"，"其目的是防止牛群四处走动；它完全依赖于暴力发挥作用；它的成功取决于大规模的部署。"与其他围栏不同的是，带刺铁丝网利用围栏内的牲畜进行自我管理；

因为触碰带刺铁丝网的行为会对牲畜自身造成伤害。雷维尔·内茨（Reviel Netz）讲述了一段带刺铁丝网的历史，并展示了"因此，阻止四处活动的历史是一段对牲畜本身施加暴力的历史：一段充斥着暴力和痛苦的历史。"根据内茨的说法，带刺铁丝网改变了殖民主义征服空间的能力。以前的殖民形式要么是在一小块土地上迅速发展，要么是在整个大陆上缓慢发展。带刺铁丝网解决了殖民主义所面临的同时征服时间和空间的巨大挑战。克罗农对涉及时空分析的问题做了补充。"企业肉类包装的全部意义在于使肉类加工市场系统化——将其从自然和地理环境中解放出来。……除了管理方面的一个问题外，地理因素从此显得无足轻重：时间和资本合谋摧毁了空间存在的意义。"

北美大草原成了牧场，饲养场体系应运而生——用玉米将牛群饲养到膘肥体壮后再集中屠宰。1884年，一场经济大萧条摧毁了很多从事牲畜贸易的公司，其中一个结果就是压缩了肉牛出栏的时间。在接下来的一百年里，肉牛出栏时间越来越短——从开始的五至六年，到1900年之前的三至四年——再到二战期间，肉牛的出栏时间已经缩短到一至二年。根据美国农业部开发出来的一整套肉类分级体系，农业部奖励的是玉米喂养而非自然放牧。分级制度"指定'精选牛肉'为：含有肌内脂肪的牛肉（也就是'雪花牛肉'）。"就脂肪增加的速度而言，玉米喂养的肉牛比草料喂养的肉牛脂肪增加速度更快。

　　土地用途的剧变为一种新兴食品——汉堡包——创造了可能性。在整个二十世纪，直到二十一世纪，土地分配一直都未曾中断，只不过这次是在拉丁美洲（Latin America）。因此，"美国的牛肉消费继续依赖于草地的供应——不过现在，国际资本主义的发展进程已经放缓。在这个进程中，可耕地实际上正在被转换为饲养肉牛的牧场，其数量在当地自给自足的农业生产中已经越来越少。"热带雨林地区遭到破坏就是这种土地用途转型的典型代表。

◎ 如何屠宰肉牛

有些肉牛从屠宰场逃了出来。它们不顾一切地跑到市区或躲在森林里，此举不但引起了媒体的关注，而且媒体还呼吁人们豁免这些肉牛。然而，大多数肉牛却都是在屠宰场里直接宰杀。宰杀的步骤相对简单。小时候，我曾经目睹杀牛的整个过程。我在一个小村子长大成人，父亲开办的律师事务所的后面就是当地的屠宰场。"屠夫"朝着装在卡车里的牛的脑袋开枪，那头牛随即瘫倒在地。牛的一条后腿上原本就拴着一条铁链子，屠夫就把那根铁链子穿过一个滑轮，将死牛从车厢的斜坡上倒着拉下来，再通过滑轮把牛倒吊到水泥地上。最后屠夫割破牛的喉咙，鲜血便喷溅而出。

厄普顿·辛克莱（Upton Sinclair）描述了二十世纪初的工业屠宰过程：

在房间的一头有一个狭窄的走廊，比地面高

42

出几英尺，人们举着带尖的木棒驱赶着牛群，这给牛带来了电击般的疼痛，于是群牛纷纷涌入走廊。一旦挤进了这里，每头牛就会被单独关起来，关在只容得下一头牛的围栏里。等入口大门关闭后，牛便没有空间可以掉头；当这些牛站在那里一边低吼着一边低着头冲撞围栏时，一个手持大铁锤的"砸牛脑袋的家伙"就靠在围栏边上，伺机给出致命一击。房间里的重击之声连绵不绝，与之相伴的还有牛蹄子拼命践踏地面和牛到处乱踢乱蹬的声音，久久不散。

一个世纪后，埃里克·施洛瑟（Eric Schlosser）更新了《屠场》里描述的内容："砸牛脑袋的家伙""静候着牛群被赶进一间房子。牛群沿着一条狭窄的斜坡走下去，在他面前停下了脚步，跟他之间就隔着一扇门，而他就会发射一颗气枪弹丸，直接击中牛脑袋——那支压缩空气枪由一根长长的软管固定在天花板上——气枪射出的弹丸令牛失去了知觉。"耳边不时传来"砰、砰、砰"的子弹发射的声音。"牛一瘫倒在地，工作人员就抓住一条牛后腿，把其拴在铁链子上，于是铁链子就将这个庞然大物吊到半空中。"

屠夫手持一把"尖刀"划开了牛脖子。每隔十秒钟，屠夫就会切断一头牛的颈动脉。"他举着一把长刀，必须准确地切中要害部位，这样才能保证以人道主义的方式置这头牛于死地。"

接下来的一个步骤就是将牛肢解。"砸牛脑袋的家伙先将其砸晕，手持长刀的家伙割破牛喉咙，接着就有人将铁链子套在牛腿上，用绳索将牛固定住，分割两条前腿，敲掉腿关节，去内脏，将牛一分为二，分割臀肉和牛腩，然后便放在传送带上——在现代的屠宰场里，各个工种的名称将屠宰过程中存在的一些野蛮行为传达得淋漓尽致。"

彼得·洛文海姆（Peter Lovenheim）描述了一家小型屠宰场的 13 号牛被手工分解的场景，这家屠宰场并没有采用机器作业：

突然，乔治（George）一言不发地将通往敲头围栏的移门打开……耳边便传来一阵牛蹄子

43

撞击混凝土地面的声音，这声音听上去杂乱无章……乔治举起步枪、瞄准、射击……埃德（Ed）将另一侧围栏升起，牛的尸体便从那边滚了出去。我清楚地看到了那头牛的脑门上有个黑洞……这是一头通体黑色的安格斯牛（Angus），脑袋两侧的牛角短小却笔直朝上，头顶的黑色卷毛垂下来，遮住了脑门上的一小片白毛……埃德用铁链子把13号的两只后蹄绑了起来。伴随着刺耳的声音，机械升降机将13号的尸体拉起来，直到牛头离地大约有一英尺（约合0.3米）的时候才停下。牛舌头已经不受控制，直接从牛嘴里垂下来；清澈的液体从牛鼻子里一滴滴地往下滴。埃德沿着吊轨将13号的尸体向前推了八英尺（约合2.4米）左右，直到牛尸悬挂在一个白色的大桶上。接着，乔治迅速举起刀刺进了13号的喉咙，就好像一根水管突然爆裂一样，一股鲜血从伤口处喷涌而出。此时距离13号走进敲头围栏还不到两分钟。从被倒吊起来到控血这段时间里，13号牛一直都保持着一动不动的状态。

44

一个星期后，洛文海姆便以 13 号的肉为食材制作了好几个汉堡包。

由于全国四分之一牛肉糜都是用"老奶牛"（按照施洛瑟的说法）制作而成，三十二位奶农收到了"帮助您实现奶牛市场价值最大化"的建议。由于基因工程、饲料配给量和生长激素的共同作用，乳制品行业中所使用的奶牛产奶量比二十五年前增加了 61%。这意味着奶牛的乳房里必须多容纳五十八磅重的牛奶。奶牛臃肿的乳房可能会迫使其后腿分开，导致其走起路来一瘸一拐。当人们把奶牛拉到拍卖会上拍卖时，可能就需要举着带尖的木棒对着奶牛连捅带戳的才能让它们行动起来。有些牛瘫倒在地无法起身后，就要面临着被射杀的命运，因此便不会被送上生产汉堡包的流水线。符合宰杀条件的奶牛肉更瘦，这使得"麦当劳和其他快餐公司……通过将玉米饲养的相对脂肪含量高的牛肉"与奶牛肉混合起来，"以便控制牛肉糜的味道和质地。"

一个奶农告诉彼得·洛文海姆："我喜欢奶牛结束生命的方式，他说，'它们从创造生产力直接走向死亡。前一天它们还是可以产奶的奶牛，第二天它们就变成了汉堡包。'"

2002 年，迈克尔·波伦（Michael Pollan）[40] 打算追踪一头名为 534 号的小黑牛的一生。他的目标是"了解现代工业牛排在美国的整个生产过程，了解一头牛从受精到屠宰的整个过程。"波伦到达屠宰场时，却被拦在门外。这位一丝不苟的研究人员，此前一直表现得尽职尽责：他曾为了撰写《植物的欲望》（*The Botany of Desire*）一书前往欧洲吸食大麻，并模仿约翰尼·阿普尔西德（Johnny Appleseed）[41] 划着独木舟进入了俄亥俄领地。不过，在面对着"禁止入内"的答复时，波伦却并没有提出反对意见。他说，"清除内脏的过程非但鲜血淋漓，而且令人胆战心惊。对记者来说，这就是个禁区，即便是像我这样有着养牛经

---

40 迈克尔·波伦（1955—）是一位美国作家、专栏作家、行动主义者、新闻学教授及柏克莱加州大学科学和环境新闻学奈特项目的主任。

41 约翰尼·阿普尔西德，原名约翰尼·查普曼（Johnny Chapman），是美国的民间英雄，他穷尽四十九年时间撒播苹果种子，梦想创造一个人人衣食无忧的国度。

验的记者也概莫能外。"

◎ 二十世纪后半叶的屠宰流程

1960年，爱荷华牛肉包装公司（Iowa Beef Pack-ers）开办了第一家屠宰场。埃里克·施洛瑟（Eric Schlosser）描述了该厂的设计：

> 仿造麦当劳兄弟制作汉堡包的劳动原则，霍尔曼（Holman）和安德森（Anderson）在爱荷华州丹尼森（Denison）的屠宰场设计了一个生产体系，该体系对工人没有任何技术要求。爱荷华牛肉包装公司新开办的工厂是个大平房，只有一条生产线。每个工人固定站在该生产线的某个操作点上，一遍又一遍地重复着同样的简单操作，在八小时的工作时间中，手持同一把刀，将切割动作重复上几千次。

这种新型肉类加工业，"以一种痴迷于全面、高

效、集中和控制的快餐心态,"从新的交通方式中受益:
州际高速公路网。该路网覆盖了爱荷华州、堪萨斯州、
科罗拉多州(Colorado)和内布拉斯加州(Nebraska)
的广大农村地区,离饲养场很近,但却远离城市要塞。

在里根(Reagan)[42]时代,单打独斗的肉联厂要
么倒闭,要么被大型肉联厂收购。人们认为旨在防
止垄断和防止大型肉联厂出现的反垄断法(antitrust
laws)落后于时代,因为合并会使该行业的发展更加
集中。1987年,康尼格拉食品公司(ConAgra)成为
规模最大的肉类加工厂。

在这些工厂做工的全都是外来劳动力。大部分工
人们都是生活在低收入社区的有色人种——大约三分
之一来自拉丁美洲。各大公司都在拉丁美洲积极招募
员工。施洛瑟报告称,"在格里利牛肉加工厂(Greeley),
三分之二的工人不会说英语。"在美国,大约有五十万
名工人受雇于屠宰场,每年的流动率约为100%。有些

罗纳德·威尔逊·里根(Ronald Wilson Reagan)(1911—
2004),美国杰出的右翼政治家,曾担任第三十三任加利福尼亚
州州长,第四十任美国总统(1981—1989)。

属于无证工人，他们的身份使他们无法将危险的工作环境或其他违反美国法律的行为公之于众。

"流水线速度"是指活牛屠宰和加工牛肉的速度。工人们被迫在越来越短的时间里宰杀更多的活牛。规定流水线速度的不是联邦工人安全法，而是联邦卫生法规。

施洛瑟认为肉制品加工是美国最危险的工作。"屠宰场的伤亡率大约是普通美国工厂的三倍。"动作单调重复，工作时间冗长，没有时间磨刀，提高速度所带来的压力，这些都增加了工人受伤的危险。"屠宰工人的手、手腕、手臂、肩膀和背部都在遭受慢性疼痛的折磨"，而且还有很多其他工伤情况都没有公之于众。如果工人寻求医疗帮助，便可能担心会因此而失去工作或被驱逐出境。对工人受到的工伤进行一番追踪调查后，一个更加复杂的事实便被揭露出来："在最近重新编写的《职业安全与卫生条例》（*OSHA*）中，工伤种类这一部分删除了重复性压力工伤这种类别——这是该行业中最常见的一种工伤。"

劳伦·奥尼拉斯（Lauren Ornelas）是食品授权计

47

划（Food Empowerment Project）的创始人和执行董事，该计划是一个与农场工人和屠宰场工人合作的非营利性食品正义（Food Justice）计划。劳伦指出，"除了低工资和危险的工作环境外，工人还面临着歧视问题。在屠宰场里，不会说英语的工人待遇更差，而且不能像英语为母语的工人一样享受同样长度的休息时间。有趣的是，当这些工人抱怨自身权利受到侵犯时，他们也汇报了牛遭受虐待的问题。"她总结道："谁愿意长大成人后整天杀牛呢？谁也不愿意。"

◎ 汉堡山

汉堡包是现代技术在工厂化的农场和制度化的屠宰场里取得的胜利，也是畜牧业的综合企业在纵向一体化和全球化方面取得的胜利。随着牛肉运输体系的发展和民众态度的不断转变，汉堡包已经成为一种象征和标志，世界各地的人们都可以一吃为快。

直到 1960 年，美国的人均牛肉消费量才超过猪肉（85.1 磅比 64.9 磅）。从 1960 年开始，牛肉消费量逐步增加，从 1960 年的人均 85.1 磅增加到 1977 年的 125.9 磅。

在从以消费猪肉为主到以消费牛肉为主的那段过渡时期里，汉堡包特许经营店的数量也成倍增加，以汉堡包为食成为"美国的生活方式"。二战后，随着"工厂化"饲养场数量的不断增长，汉堡包生产的重点是夹在中间的肉饼可以随意替换。一个汉堡包肉饼可能包含一千头牛的 DNA。

在二战结束后美国所发动的战争中，美国大兵给很多战役都起了绰号，而这些绰号便反映了从猪肉到牛肉的转变以及两种肉类之间可以随意更换的可悲事实。朝鲜战争（The Korean War）期间，尤其在 1953 年春夏两季爆发的几场步兵战役中，二百多名美国士兵丧生。这些战役就被称为猪排山战役（the Battle of Pork Chop Hill）。1969 年 5 月，在一场历时数天的战役结束后，美国驻越南（Vietnam）士兵将越南东部一座名为"卧兽山（Mountain Dong Ap Bia, or Mountain of the Crouching Beast）"的山峰更名为"汉堡山"。此举反映了从二十世纪五十年代初至 1968 年间汉堡包的逐步兴起。

在对汉堡山战役的种种描述中，越南人作为食米者的殖民地形象也出现在世人面前。在对汉堡山的第一次进攻结束后，山坡上出现的星星点点的炉灶之火向美军士兵宣布，越南军队"正在准备三至四天的米饭供给量，这表明他们正在准备打一场持久战。"

就在越南军队蒸煮米饭之际，美国士兵也在用他们眼中的标志性美食描述自己的战争经历。不久以后，四个盟军营合力攻克了卧兽山，并开始在战场上巡查，

　　一个美国大兵（GI）从一个食品配给箱的底部剪下一块纸板，在上面写上了"汉堡山"三个字，然后将这块纸板钉在937高地山（Hill 937）西侧一棵遭受炮弹轰炸后已经烤焦的树干上。过了一会儿，另一个大兵经过此地，在下面又添加了几个字"这么做值得吗？"

这场战役结束后不久，《时代》杂志称"汉堡山战役"这个名字"非常恐怖，但却再恰当不过"。在

汉堡店和免下车餐馆里闲逛游荡的那一代年轻人选择了这一比喻。1973年，就在越南战争（Vietnam War）行将结束之际，电影《美国风情画》开始上映。这部电影描绘了二十世纪六十年代初的汉堡店文化，重现了汉堡店里青年男子严重缺失的状况。在电影的结尾，我们得知绰号为"蟾蜍（Toad）"的一个男主角在1965年12月的安禄（AnLộc）战役[43]中失踪。这部电影唤起了人们对越战爆发之前那段旧时光的怀念之情，这不仅表明，那家汉堡店已经不再是过去的模样，还表明，光顾那家店的年轻人也已经不再是过去的那些年轻人。越南战争改变了一切。汉堡山战役捕捉到了生命与汉堡包的共同之处——无法挽回，无法复原。

50

◎ 二十一世纪的殖民主义与父权制

美国文学经常把美洲大陆尚未开发的土地与女

---

43 安禄战役是越南战争后期的一场战斗，是1972年4月越南人民军及越南共产党对南越展开的复活节攻势中的一场战斗。

性联系到一起，将那些土地称为"处女地"。2008年，当汉堡王推出了名为"皇堡处女地（Whopper Virgins）"的广告宣传活动时，就充分利用了与开垦大平原有关的比喻。这则广告的预设前提是对汉堡王的汉堡包和麦当劳餐厅的汉堡包进行一项味道测试，测试对象是那些"母语中连汉堡包这个词都不存在"的人们。从表面上看，汉堡王团队的搜索行动已经开展到了泰国（Thailand）、格陵兰岛（Greenland）以及"特兰西瓦尼亚（Transylvania）[44]"等远离美国的地区。

在二十一世纪的头十年，泰国是个颇受游客欢迎的旅游景点，汉堡王对这一特色视而不见，转而关注的是那些身穿着本土服饰的当地人。那些身穿本土服饰的人们在格陵兰岛和泰国的出现反映了他们被殖民主义打败的种族身份。瓦西里·斯特内斯库（Vasile Stănescu）提出，之所以将特兰西瓦尼亚（罗马尼亚的一个地区）也包括在内，其目的是为了有效防止对这

----

44 旧地区名。指罗马尼亚中西部地区。

些广告进行种族主义方面的攻击。汉堡王还制作了一部对他们开展味觉测试的模拟纪录片，结尾是空投食物，暗示每个人都需要食物援助（没有汉堡包＝缺少食物）。

"皇堡处女地"的广告宣传活动只不过是那些把殖民者和女性化联系在一起的老旧观念的又一个新版本而已，而当地人不吃牛肉的饮食方式则意味着他们需要进口牛肉（就像美国军队在中西部保留地对北美土著人所做的那样）。斯特内斯库认为，"皇堡处女地"的广告宣传活动旨在"异化现代人群，以便重新创造出以西式牛肉为食的这些排外理由，并证明他们将快餐店强加于他人的伪人道主义的合理性"。

结果如何呢？这则广告是汉堡王历史上最成功的广告之一，不但获得了多个奖项，增加了可观的网络流量，赢得了媒体的广泛关注，而且导致了该公司历史上一次幅度最大的股价上涨。斯特内斯库认为，创造这一成功的不是味觉测试本身——广告表面上希望达到的目的。这则广告之所以取得成功是因为"在以牛肉为食、性别差异与排外心理等三者之间形成的刻板印象仍然还在美国广大公众中产生着共鸣。"

"皇堡处女地"的广告借用了以汉堡包为食者的一个古老比喻，即男性化的殖民主义者，他们霸占了财产、侵占了土地、剥夺了生命，但同时又添加了自己的"战利品"——从殖民主义的角度来看，以汉堡包为食代表了一种新的蹂躏形式。

◎ "吃牛肉吧！吃色拉可无法在西部称王"

——在中西部屠宰场附近所看到的保险杠贴纸如是写道

52　　　说到汉堡包，就不能不提汉堡包所代表的暴力及其暴力发展史。在大多数关于汉堡包的讨论中，这些至今都是心照不宣的内容。汉堡包——经过剁细、浸泡、绞碎的过程——这种食品便有了崭新的名称、全新的存在形式，而且似乎与牛这种动物毫无瓜葛。在各种形式的食品生产中可能都存在着暴力的加工过程，但汉堡包的每一小块绞碎的横纹肌上都能反映出这种暴力的存在。

为什么就汉堡包来说，世人仍然没有承认其充斥着暴力的历史以及汉堡包所代表的凶残的屠宰技术呢？这种暴力行为可以提醒人们男性身份和保守主义的存在，而这也正是波伦自己在猎杀野猪时引以为傲之事。这可能原本就是人类身份一个组成部分吧。

毋庸置疑，跟食肉动物相比，牛的性情更加平和，而且总的来说也没有食肉动物那么危险；人们可能认为，与捕杀食肉动物相比，杀死一头牛似乎是一种无法充分显示男子汉气概的行为。尽管如此，为了给以汉堡包为食的那些人唱赞歌，一种充斥着暴力行为的说法可能已经发展起来。如今的问题不是我们如何理解汉堡包所代表的暴力，而是汉堡包为什么不是因其所蕴含的暴力元素而闻名于世？

女性汉堡包

53　　白色汉堡的比利·英格莱姆描述了二十世纪初汉堡包销售者所面临的问题：女性对事先绞好的汉堡包肉糜满腹狐疑。英格莱姆回忆起母亲是如何消除她对汉堡包的疑虑的。"不过，我们中的一些人可能还记得，当母亲想要制作汉堡包时，她会先一脸无辜地买上一两磅牛肉，然后，等屠夫开始着手包装分割肉时，母亲就会说：'能不能帮我把牛肉绞成肉糜呢？'此时她就会站在一旁盯着他把牛肉绞成肉糜。"

　　菲利普·罗斯（Philip Roth）[45]在1969年发表的小说《波特诺伊的抱怨》（*Portnoy's Complaint*）里刻画了此种类型之人：

---

[45] 菲利普·罗斯，美国当今文坛地位最高的作家之一，曾多次提名诺贝尔文学奖。以小说《再见吧，哥伦布》（1959年）一举成名。

纵观整个世界历史，有谁在面对着女人的眼泪时表现得最无能为力呢？我父亲。我是第二个。他跟我说道："你听到你妈妈说的话了吧？放学后不要和梅尔文·韦纳（Melvin Weiner）一起吃炸薯条。""从此以后都不能一起吃。"她恳求道。

"从此以后都不能。"我父亲重复道。

"也不能一起吃汉堡包。"她又恳求道。

"不能。"他重复道。

"汉堡包，"她痛苦地说道，就好像她可能 54会把希特勒（Hitler）的名字说出来一样，"人们可以把世界上任何想吃的东西全都放进去——然后就把汉堡包给吃了。杰克（Jack），一定要让他答应，千万别让他给自己造成什么可怕的痛苦，否则一切就都来不及了。"

在家里，歇斯底里的母亲担心汉堡包太脏，而在肉铺里，头脑冷静的母亲则要求将牛肉绞成肉糜。能将母亲们一分为二，同时又将她们合二为一的便非绞肉机莫属。

◎ 绞肉机

　　将牛肉变成汉堡包肉糜的核心技术无疑是绞肉机。1978 年 6 月，《好色客》（*Hustler*）杂志的封面对这种汉堡包的制作技术从一个不同寻常的角度做了总结。封面上，一名裸女的下半身已经塞进了绞肉机，从绞肉机里挤压出的是绞碎的汉堡包肉糜——大概是女性汉堡包吧。在《最后一次探讨全肉问题》（*Last All-Meat Issue*）的标题下，封面如此设计的目的似乎是在对那些对杂志横加指责的人做出回应。《好色客》杂志创始人拉里·弗林特（Larry Flynt）在用女人制作的肉糜旁边写道："我们再也不会把女人像肉块一样挂起来了。"相反，这份杂志似乎会把她们像汉堡包肉糜一样绞成碎末。《好色客》准确无误地回答了前文提到的那个问题："汉堡包到底应该是什么？"无论从字面意义上讲还是从比喻意义上说，技术令一条生命各个部位的肉都变成了绞碎的肉糜。

图 5　克里斯汀·罗杰斯·布朗（Kristin Rogers Brown），
"红色（Red）"，恶女传媒（Bitch Media）。
封面作者克里斯汀·罗杰斯·布朗。
感谢恶女传媒。

　　该杂志将对堑壕战的一个比喻做了放大处理：绞肉机是那些一战士兵给血腥的凡尔登战役（Battle of Verdun）[46] 所起的绰号。把我碾碎，而碾碎二字比喻的就是失败。被绞肉机绞碎的人体显然无从谈及胜利二字。《好色客》充分利用人们的刻板印象，所要讨论的不仅是关于女人、性和物化问题，而且还探讨了关于汉堡包到底应该是什么的问题：把活物变成死物，将各部位的肉绞成肉糜——人类打败了非人类动物并取得最终胜利。

　　家用绞肉机最值得一提的就是有一个可以存放牛肉的托盘，一个看上去像螺旋开瓶器的螺旋钻，一个刀片以及各色圆盘——每个圆盘上都有大小不一的孔洞，这些孔洞决定了挤压出来的肉糜颗粒的大小粗细。汉堡包肉糜属于大颗粒的粗肉糜。

　　《好色客》的封面歪曲了整个绞肉过程。首先，

---

[46] 凡尔登战役是第一次世界大战中破坏性最大、时间最长的战役。战事从 1916 年 2 月 21 日延续到 12 月 19 日，德、法两国投入一百多个师兵力，军队死亡超过二十五万人，五十多万人受伤。伤亡人数仅次于索姆河战役，被称为"凡尔登绞肉机"。

那个女人应该先被切成小块——在把肉塞进绞肉机前，通常会先把肉切成一到两英寸宽的肉块。有的大厨建议将肉块绞两次，以确保脂肪和肌肉纤维充分混合。而其他汉堡包专家则把肉块连绞三次，而且绝对不吃隔夜肉糜——汉堡包肉糜必须现绞现吃。

在绞肉机出现之前，肉糜制作技术所需要的工具包括石块、木槌和铁斧。不过，绞肉机可不仅仅是将肉块拍平或把肉片剁碎。它就像使用了障眼法一样让原本嚼不动的肉块变得松软，这样一来，小圆面包就可以将其包裹其中。金州食品有限公司（Golden State Foods Corp.）的总裁吉姆·威廉姆斯（Jim Williams）描述了汉堡包可能含有的一些成分：牛血可以掩盖大量肥牛肉存在的事实；即便在双面煎汉堡包肉饼时，硝酸盐也可以让肉饼保持原有的鲜粉红色；牛肚子上的肉和牛脸肉可以让汉堡包肉饼在制作过程中变得更大。

绞肉既是让牛肉实现切开碾碎、肉粒各自为营的过程，也是令肉粒重新组合的过程。为了大幅度增加汉堡包的加工数量，爱荷华牛肉包装公司在工厂里增

57

加了几台"绞肉机"。因此，埃里克·施洛瑟解释说："一个快餐汉堡包如今包含了几十头甚至几百头牛的肉。"绞肉机在绞肉过程中令各种不同部位牛肉之间的关系消失殆尽，无从查找，同时将不同部位的碎肉粒混合在一起。这可不是一个大熔炉，而是一台绞肉机。"*The Grind*（枯燥乏味之事）"：我们不停地工作、工作，干的却都是单调乏味的苦差事。"*The old grind*（老样子）"：令人压抑的日常例行公事。"*To grind one's tool*"：（通常指男性）交媾。"*Grind*"：以肉欲或色情的方式旋转臀部。"*Staying on the grind*（埋头苦干）"："努力工作，总是忙忙碌碌，或者从事其他赚钱或拉皮条的活动。""异视异色网站"（*Vice*）为使用基达应用程序（the Grindr APP）的男同性恋者提供建议称：无需任何烦琐的手续，就可以通过该应用程序找到其他男同性恋者。

2011 年，《恶女》（*Bitch*）杂志秋季主题为"红色"的那一期给《好色客》的封面提供了答案：各种各样的东西一股脑塞进了一台绞肉机，从绞肉机里冒出来的是一股红毛线。然而，这项技术本身并没有改

086

变。本质上仍然是反复碾磨——彻底绞碎。

◎ 女性汉堡包

对于二十世纪初的女性来说，绞肉机默默无闻的工作便是问题的症结所在。绞肉机令那些臭肉、陈年老肉和嚼不动的牛肉与其他新鲜牛肉混为一体，想在汉堡包里找到各种肉的踪迹就变得如同大海捞针一般。那么，如何才能让女性对出售汉堡包之人产生信任感呢？

1932 年，比利·英格莱姆经营的白色城堡仿照贝蒂·克罗克（Betty Crocker）[47]，创造了一个名叫"朱莉娅·乔伊斯（Julia Joyce）"（她的真名是艾拉·路易丝·阿尼埃尔 [Ella Louise Agniel]）的虚拟人物，从而解决了这一难题。乔伊斯携带着一袋袋白堡城堡

58

---

[47] 贝蒂出现在 1921 年沃什伯恩·克罗斯比公司，为金牌面粉推出的保销活动之后。那次活动中，公司创造出一个虚构的烹饪专家贝蒂·克罗克。姓来自刚退休的克罗克经理；"贝蒂"因为听起来很友善，被用作名字。

生产的汉堡包，从一个社区走进另一个社区，拜访妇女俱乐部和社区组织，向那些中产阶级女性讲授如何将白色城堡的汉堡包作为主食规划每周的家庭菜单。她会先开玩笑般地说道，"要想抓住男人的心，就得先抓住他的胃"，接着就会给俱乐部里的那些女会员宣读比利·英格莱姆制定的《白色城堡守则》（*White Castle Code*），以确认该产品的核心要旨是强有力的道德承诺。然后，乔伊斯便邀请这些中产阶级女性到最近的白色城堡餐厅参观，亲眼去看看那里的卫生状况和食品制作技术。这些女性接受了她的邀请。乔伊斯邀请她们去参观白色城堡的烤架和汉堡包制作现场。等这些女性离开时，每个人的大包小包里就都装满了白色城堡生产的汉堡包肉饼。

英格莱姆认识到小家庭中的女主人在准备一日三餐方面所肩负的责任。1989 年，阿莉·霍克希尔德（Arlie Hochschild）[48] 创造了"第二次转移（The Second Shift）"这个术语，强调说，即使对于职业女性而言，

---

[48] 美国社会学家。

她们仍然继续承担着大部分的家务劳动以及照顾孩子的工作。早期的女权主义者也关注女性在家庭中的责任。1910年，一个丈夫向当地的妇女团体发起了挑战，他抱怨自己的太太："她老是在做饭，或者刚做好饭，或者打算要做饭，或者因为做饭而累得半死不活。看在上帝的份上，如果有什么办法可以解决这个问题的同时又让我们有东西可吃，就快告诉我们吧！"

在特许经营体系将汉堡包送进千家万户之前的几十年，女权主义者就已经找到了一个"摆脱困境的方法"：设计没有厨房的居家模式，倡导建立社区厨房，创建熟食服务，让食品生产者联合起来，总的说来，就是想办法将女性从围着锅碗瓢盆转的生活中解脱出来——或者为她们的劳动支付报酬。1890年，基督教女青年会（YWCA）开始经营自助餐厅。工厂厨房准备晚餐。女权主义者夏洛特·帕金斯·吉尔曼（Charlotte Perkins Gilman）在1898年出版的《妇女与经济》（*Women and Economics*）一书中提出，职业女性需要日托服务和熟食服务。不久，她提出了公寓的设计方案，其中就包括公共厨房的理念。她写道："家，甜蜜的家，

59

从来就不意味着家务劳动，哪怕是甜蜜的家务活。"

她并非孤军奋战。在《重新设计美国梦：住房、工作和家庭生活的未来》（*Redesigning the American Dream: The Future of Housing, Work, and Family Life*）一书中，多洛雷斯·海登（Dolores Hayden）描述了"在1870年至1930年间，几乎所有参与政治的美国女性都将家务劳动和家庭生活视为重要的理论问题和实践问题。"物质女权主义者认为："如果不充分考虑家务劳动，就不可能令政治经济学理论得到充分发展。"白色城堡抓住这一时机，倡导"带一包白色城堡汉堡包回家，让母亲们'晚上能得到片刻休息'。"

十九世纪九十年代后期的女权主义者也设计了社区游戏空间，接着便对其进行大力倡导和广泛宣传。由于几乎没有孩子享受过舒适的日托服务，再加上传统性别角色的盛行，因此母亲们都希望能有个地方和60孩子们一起放松娱乐。在所有的快餐公司中，麦当劳公司率先对这一需求做出了回应。事实上，二十世纪六十年代末，麦当劳公司旗下的一个特许经营商乔治·加布里埃尔（George Gabriel）在宾夕法尼亚州

（Pennsylvania）的本赛莱姆（Bensalem）推出了第一个儿童游乐场。很快，游乐场便"成为麦当劳公司主导儿童市场战略的新核心"。麦当劳游乐场还"可以为麦当劳的一家餐厅设定一个主题，为原本相对平淡的餐厅增加一些特色"。这与吉尔曼提出的日托服务和熟食服务的建议不太一样，但是在麦当劳餐厅，母亲可以在一起沟通有无，而她们的孩子们则可以边吃边玩。

◎ 张大嘴巴：女人被视为汉堡包 / 女人吃汉堡包

多年来，针对女性的暴力幻想在以汉堡包为导向的媒体中一直很流行：女性就像汉堡包一样渴望被人消费，或者女性喜欢吃巨大的汉堡包。色情文学引导了这一趋势的发展。《好色客》只是专注于在视觉上消费女性的众多例子中的一个。该杂志其中一期的封面是一个下半身被绞肉机绞碎的女人，读者在这期杂志里会看到这样一张照片：一个涂满了番茄酱的裸体女人呈大字形躺在包裹汉堡包肉饼的小圆面包上。

图6　照片摄于哈莱姆(Harlem)，纽约市，1989年。不知名的艺术家。
照片：米哈·沃伦(Micha Warren)摄影。

二十世纪八十年代的色情作品到了二十一世纪就已经变成了主流。2006 年，在美国橄榄球超级杯大赛（Super Bowl）中间插播的广告中，汉堡王以一种适合所有年龄段的观众观看的级别（G-rated），将《好色客》主张的"女人就是汉堡包"的幻想变成了现实。在汉堡王的广告中，每个女人都装扮成汉堡包配料的一部分——肉饼、番茄、生菜、洋葱等。汉堡王下了一道命令："女士们，做个汉堡包吧。"于是，她们便心甘情愿地服从由一个男人扮演的国王的命令，高唱着："我们唯一的目标就是满足你的愿望……"随着不伦不类的喊叫声，她们按照汉堡包的配料顺序，一个个跳到了其他女人的身上，最后组成了一个待人食用的超大汉堡包。

　　各家独立经营的汉堡店在自己刊发的广告中也再现了对女性汉堡包的性幻想。可供随时享用的女性汉堡包在当地餐馆或社区报纸上以图片的形式纷纷涌现。汉堡包肉饼本身仍然具有女性化特色——可供人食用的牛肉——但整个产品"汉堡包"却变得愈发男性化了。起初汉堡包有特大号或者超级特大号之分。随着汉堡包行业的不断发展，汉堡包的大小尺寸也在不断增长。

很快，汉堡包的名称似乎又让人想起了男人之间谈论勃起问题的方式：

厚汉堡包（The Thick Burger）。

皇堡（The Whopper）。

巨无霸（The Big Mac）。

大男孩汉堡包（Big Boy）。

胖男孩汉堡包（Chubby Boy）。

大块头汉堡包（Beefy Boy）。

超人汉堡包（Super Boy）。

哈帝汉堡店和卡尔汉堡店（两者都属于同一家公司，CKE 餐饮集团 [CKE Enterprises]）推出了一款包含一千四百卡路里的巨无霸多层汉堡包（Monster Thickburger，该名称在城市俚语中指长时间勃起）。因为汉堡包中含有的胆固醇和饱和脂肪会堵塞动脉，从而切断阴茎的血液供应，所以喜欢吃巨无霸多层汉堡包的消费者可能需要改吃"伟哥（VIAGRA）汉堡"

了（真是应对自如啊！）。此外，在一本从表面上看是由麦当劳叔叔撰写的滑稽可笑的书中，这位著名的吉祥物描述了自己的名字是如何成为数百个笑话的笑柄的。麦当劳叔叔说，有人问他："他们怎么就给你取了'巨无霸'这么个名字——没准儿就是你自己在吹牛吧？"

鉴于大汉堡包代表了勃起的双重含义，那么当人们发现一些餐饮公司采用了能把汉堡包、厚汉堡包、皇堡、大男孩汉堡包等塞进嘴巴里的女性对产品进行宣传的做法时，便觉得没什么值得大惊小怪。卡乐星汉堡店不止一次使用了这一隐喻——一个女人的嘴里塞满了汉堡包——这不仅是将性幻想带入新的色情领域的回归，而且已经成为一种无法自拔的痴迷。哈帝汉堡店的一则广告以一个女人将拳头塞进嘴里的方式展示出他们出售的巨无霸多层汉堡的大小。这款汉堡包虽然被称为"拳头女孩（Fist Girl）"，但在网上却被赋予"口交女孩（BJ Girl）"汉堡包和"深喉（Deep Throat）"汉堡包的别称。这些名称不仅是性幻想的结果，而且也是对女性的控制和羞辱。

在汉堡王推出的"皇堡处女地"的广告中，一些"处女"不知道如何食用汉堡包。只有在那些性欲亢进的女性才确切知道如何食用汉堡包的背景下，处女们不知道如何吞咽汉堡包才说得通。汉堡王、卡尔汉堡店、哈帝汉堡店展示的是身穿比基尼的女人满面春风、热情奔放、张大嘴巴吞食汉堡包的画面。这些女人不是处女。她们知晓如何食用汉堡包。那么性经验不足的"皇堡处女"该怎么办呢？这些女人会展示给她们看：异域风情与情色肉欲并存。

快餐汉堡行业充斥着各种流行文化，其中不乏对女性进行性方面的物化描述。此举暗示着一种焦虑情绪的存在，那么到底是对什么感到焦虑呢？是对从宰牛到将牛肉泡软的汉堡包生产过程的焦虑？还是对女权主义的焦虑？也许是汉堡王和卡乐星汉堡店的广告描绘了大胸女人吃汉堡包，而这一场景唤起了人们对保守政治的怀旧之情？这些广告代表着对一个时代的渴望——在那个时代，性别角色变得更加确定和具有决定性，女性向男性抛媚眼是可以接受的，而女性也愿意男性朝自己抛媚眼。这已经成为一种社会常态。

64

约翰·伯格（John Berger）[49]有句名言："男人观看女人，女人观看被观看的自己。"卡乐星汉堡店推出的一则广告教男人如何看待女人。在这则广告中，一个漂亮丰满的白人女子一边吃着汉堡包一边穿过一家农贸市场。一个男人手中抓着的软管突然喷出水，接着便戛然而止，这一场景暗示着男人达到了性高潮。时任CKE餐饮集团首席执行官的安德鲁·普斯德（Andrew Puzder）用一种非常美国化的方式为这些色情广告辩护，称这些广告非常具有美国特色："我喜欢我们推出的这些广告。我喜欢穿着比基尼大嚼汉堡包的美女。我觉得这种广告很有美国特色。"

性骚扰在所有快餐店的发生率都很高，但新的研究结果表明，在CKE餐饮集团工作的女性所"面临的职场性骚扰比行业平均水平高得多"。美国餐饮业机遇联合中心（the Restaurant Opportunities Center United, ROC）宣布，约有40%的快餐行业女性报告称遭

---

49 约翰·伯格（1926—2017）英国艺术史学家、小说家、公共知识分子、画家，被誉为西方左翼浪漫精神的真正传人。著有《观看之道》《看》《另一种讲述的方式》等。

受过性骚扰。但对于在CKE餐饮集团工作的女性来说，称自己遭遇过性骚扰的比率则高达66%。

如果把快餐行业比作一个家庭，那么卡乐星汉堡店、哈帝汉堡店和汉堡王就将会是年纪轻轻的三兄弟，他们会为女人的身体争吵不休，嬉戏打闹，争着抢着当那个最粗俗不堪的家伙，营造出一种对女性不甚友好的工作氛围。2010年，汉堡王改变了营销重点，2017年初，CKE餐饮集团也改变了营销重点，但就像如今真正的年轻人所作出的轻率行为一样，他们早期推出的女性汉堡包也永远会在网上流传下去。

面对着这一切，麦当劳公司仍然在汉堡包特许经营家族中保持着负责任的老大哥的形象，并将汉堡包作为一种有益于健康的食品提供给每位食客。该公司甚至试图直接吸引更多女性的目光，即便以一种老套的方式——为女性度身制作色拉。媒体评论家鲍勃·加菲尔德（Bob Garfield）表示，有一段时间，像亚洲鸡肉色拉（Asian Chicken Salad）这样的产品"令他们的生意大有起色"。不过，近年来，麦当劳公司减少了色拉广告的投放，因为色拉只占总销售额的2%到3%。

2016 年 10 月 7 日，在《走进好莱坞》（*Access Hollywood*）的档案室泄露给《华盛顿邮报》（*Washington Post*）的一段视频中，当时的总统候选人唐纳德·特朗普（Donald Trump）谈到了他消费女性的权利。"你上去就亲，用不着左顾右盼……如果你是个明星，她们就随便你亲，你想干什么都行……"特朗普当选美国总统的第二天早上，华盛顿特区（Washington, DC）的一名医生在慢跑时路过了一家麦当劳餐厅。几个正在店门外吃麦当劳早餐的男人用侮辱性语言对她大声喊叫。具有讽刺意味的是，麦当劳餐厅是一家重要的汉堡连锁店，该公司并没有通过暗示男性侮辱女性的方式来为汉堡包做广告。即便是从传统而言以家庭为导向的麦当劳汉堡包，也会以这样或那样的方式陷入男性吞噬女性的欲望之中。在这种情况下，在公共场所实施性骚扰是否标志着美国的自由步入了一个新天地呢？

图 7a 《释放》（*The Rendered*）。加利福尼亚州科林加（Coalinga）的哈里斯牧场（Harris Ranch）。哈里斯牧场是西海岸最大的奶牛饲养场，每年"加工"牛的数量多达二十五万头。在被宰杀之前，有七万到十万头牛每年要花四分之一的时间增加四百磅的体重。选自《释放》系列。

版权归帕特里夏·丹尼斯（Patricia Denys）所有，2017 年。

克雅氏汉堡包和其他现代汉堡包的身份危机

1996年，一名男子走进了伦敦的一家麦当劳餐厅，点了一个克雅氏汉堡包（Creutzfeldt-Jakob burger）。此前，3月20日发布的一项声明称，牛海绵状脑病（BSE），即俗称的"疯牛病（Mad Cow Disease）"，可能与人类的一种致命疾病——克雅氏病（Creutzfeldt-Jakob disease, CJD）有关。有关疯牛病可能是通过食用遭受感染的牛肉后从牛"跨物种"传染给人类的消息给西方国家，尤其是英国的经济发展和民众情绪带来了巨大的冲击。多年来，英国政府一直都在向公众保证，食用英国牛肉是安全的。而这一消息的公布无异于晴天炸响了一声霹雳。

克雅氏病通常侵袭的都是老年人。1996年，与教科书上的病例相比，引发争议的克雅氏病病例存在着很多不同之处。克雅氏病不仅袭击了年轻人，而且在

图 7b 《释放》

进行尸检时，患者的脑组织看起来也异于以往——更像是阿尔茨海默氏症（Alzheimer）患者的脑组织。相反，在传统的克雅氏病病例中，患者的脑组织具有典型的"瑞士奶酪"的外观。由于克雅氏病的潜伏期在十年到四十年之间，很多以前喜食牛肉的民众现在都变得忧心忡忡，这是因为他们体内有一颗定时炸弹正在滴答作响，而他们对此却无能为力。

或许我们可以认为，1996 年是文化认知年，因为就在这一年民众开始逐步了解并开始讨论通常无人提及的牛在汉堡包发展中所占的地位。在《男人爱吃肉，女人想吃素》（*The Sexual Politics of Meat*）一书中，我将"缺席指涉（the absent referent）"这一文学概念政治化，并将其应用于可供食用的动物。活体动物在汉堡包消费中变成缺席指涉有三种方式。首先，它们从字面上就是缺席的，因为它们已经死了。其次，活体动物之所以是缺席指涉是因为当我们食用动物的时候，我们改变了谈论它们的方式，我们并没有将其视为死去的动物，而将其视为汉堡包。动物消失的第三种方式是隐喻的；动物变成隐喻，用来描述人们的经历。

在这种隐喻的意义上，缺席指涉的意义来自它在其他事物上的运用或指向其他事物。[50]

疯牛病危机使牛这种动物时刻面临着死亡的威胁，并导致牛肉销量的暴跌。如果想要了解人类如何通过食用牛肉而感染克雅氏病，就要先了解牛是如何感染上疯牛病的。牛以草为食，但人们还给它喂了什么别的东西没有？其他牛的大脑现在如何了？为了阻止疾病传播，人们竟然焚毁了整个牛群。这些消息无不让消费者舌桥不下。

人们普遍认为，疯牛病危机是对汉堡包行业的沉重打击。麦当劳公司很快便在英国推出了素食汉堡包。1906年《屠场》出版后，正如幽默作家芬利·彼得·邓恩（Finely Peter Dunne）[51] 借杜利先生（Mr. Dooley）

---

50 本段译文参考了《鄱阳湖学刊》2017年第3期刊登的该书第一部分第二章的译文，译者为李佳銮、韦清琦。

51 芬利·彼得·邓恩（1867—1936），美国新闻记者、幽默作家。他为芝加哥的《时代先驱报》等报纸撰写"杜利先生"系列幽默短文。他所塑造的富有哲学思想的杜利先生，是芝加哥"阿奇路"（Archey Road）上的一家酒馆的主人。杜利讲着一口爱尔兰土话，对时事发表敏锐机智的评论。

之口所描述的那样，人们在很短的一段时间内就变成了"素食主义者（viggytaryans）"。然而，同样是在1906年，素食主义者便再次开启了吃肉之旅。1996年过后，汉堡包便从这场恐慌中浴火重生了。

文化记忆是如何作用于汉堡包的呢？作为一种廉价的、以蛋白质为基础的食品，汉堡包在短短一个世纪的发展历程中经历了很多身份认同危机，而疯牛病只是其中之一。尽管政府保证将监管肉类生产，但一场危机能否给政府提供机会，让民众重新信任政府，恢复产品安全，从而令民众产生安全感呢？

如果真有"特氟龙总统（Teflon President）"之说——当仁不让的就应该是罗纳德·里根，因为他总能让各种腐败和丑闻粘不到自己身上——让我们想想特氟龙产品，总能从一次又一次的身份危机中实现反弹，回到煎锅里，不管它到底有没有特氟龙涂层。

◎ 麦当劳诽谤案

"麦当劳诽谤案的开庭审判"对汉堡包造成了更加沉重的打击,这完全是其咎由自取。这次审判历时七年,是英国历史上历时最久的一次审判。1986年,伦敦绿色和平组织(London Greenpeace)在"世界反麦当劳行动日(World Day of Action against McDonald's)"散发了一份只有六页的小册子。该组织并不隶属于更大规模的国际绿色和平组织。麦当劳公司对小册子做出的反应导致了这次审判的发生。

在与审判有关的诸多具有讽刺意味的事件中,有一件事颇为引人注目:印刷出版的原版小册子只有两千本,因此只影响到了有限的民众。大卫·沃尔夫森(David Wolfson)在1999年写道:"在'聚焦麦当劳(McSpotlight)'网站创建后,这本小册子的最新版本被翻译成了十几种语言,已经在全球发行了二百多万本。"

这本小册子提出了一个问题:"麦当劳怎么了?"

71

然后便从几个方面给出了答案：

    1. 剥削员工。

    2. 通过广告和营销手段操纵儿童。

    3. 养牛业令热带雨林遭到破坏。
72

    4. 销售致癌、导致心脏病和具有食物中毒风险的不健康食品。

    5. 虐待动物。

    6. 故意误报在食物包装上所使用的再生纸的数量。

当麦当劳公司提起诽谤诉讼时，该公司和英国警方都已渗透进了伦敦绿色和平组织。有时，参加会议的渗透分子可能比激进人士还多。

英国的诽谤法没有要求麦当劳公司证明小册子中的信息是错误的，也没有要求该公司证明自己受到了损害。被告有责任利用主要来源（如证人、第一手资料和正式文件）证明自己所说的完全属实。在英国，诽谤案件的被告无法得到法律援助，而美国宪法《第

107

一修正案》（*First Amendment*）所提供的各种保护措施为"批评'公众人物'的个人提供了辩护"，前提是他们要基于合理的材料来源（如"他们相信是真实的报纸报道、书籍、电影或学术文献"）再次声明自己的观点。在英国，激进人士可无从获得类似的保护措施。

由于该条法律规定支持原告，因此麦当劳公司过去曾经威胁要提出此类诉讼，从而迫使各种激进分子及新闻媒体向其"道歉"。但这次，该公司在事先没有提出警告的情况下决定直接起诉五名激进人士，因为他们都参与了小册子的编写。其中三人表现出了道歉之意，但剩下的两个人——"前伦敦园丁兼面包车司机"海伦·斯蒂尔（Helen Steele）和"单身父亲、前邮递员"戴夫·莫里斯（Dave Morris）——却不为所动。莫里斯的年收入为一万两千美元。

作为一名激进人士，当他失去了正义感，便相当于要求他放弃最初可能促使他投身于这一行动的那些东西——一种认为有些事情不对劲、需要做出改变的感觉。斯蒂尔和穆尔（Moore）（译者注：此处原文有误，

73

后者应该是莫里斯 [Morris]）必须为自己辩护，在这场持续了七年的审判中，他们做到了，而且还得到了一些公益援助。与此同时，麦当劳公司光为聘请律师就花费了一千六百多万美元。结果，麦当劳公司不但在公关方面做得不尽如人意，而且也没有获得人所共见的法律意义上的胜利。甚至该公司还给人这样一种感觉，即麦当劳公司就是漫画里那个企业富豪的化身，躲藏在原宣传单中那个小丑面具的背后。

图8 更新换代过的反麦当劳传单，
源自伦敦绿色和平组织原版小册子最初创造出来的形象。
感谢罗杰·耶茨（Roger Yates）

被告想要证明对麦当劳公司所提出的虐待动物的指控，但该公司禁止他们参观为公司提供牛肉的屠宰场或农场。然而，庭审法官发现，"制作成麦当劳产品的那些动物受到了残酷虐待，麦当劳公司对这种虐待行为'负有不可推卸的责任'"。通常，虐待动物的案件仅限于当前有关虐待动物的法定定义范围内的诉讼，而这些法律往往免除了标准养殖行为被定义为虐待动物的责任。在麦当劳诽谤案出现之前，动物保护主义者面临着一个进退维谷的尴尬境地：如果该法规将这些动物排除在保护范围之外，或者对虐待行为的定义过于狭隘，导致该法规不适用于当代农民的正常做法，那么人们又该如何证明养殖行为对动物而言是一种残忍的虐待行为呢？通过起诉，麦当劳将虐待动物的问题转变为"在一个理性的人看来，这些行为是否残忍"的问题。动物法领域的首席律师大卫·沃尔夫森（David Wolfson）总结了有关虐待动物的调查结果：

> 麦当劳公司辩称，如果一种养殖方式违反了

政府或其他官方指导方针、建议或准则，便可谓虐待；任何遵守这些规则的养殖方式都不能划归到虐待的行列。贝尔大法官（Justice Bell）对这一观点持反对意见。他认为，从一般意义上讲，即便是合法的养殖方式，也可能属于虐待行为。根据法庭的说法，虽然法律和政府法规是衡量动物福利的有效手段，但对于何种方式属于虐待行为或不属于虐待行为尚无定论。这一决定意义重大。尽管麦当劳公司占据了很大优势，但法庭仍然认定很多常见的养殖方式属于虐待行为，这一事实导致了如下结论：在任何情况下，这些养殖方式都将被视为虐待行为，应当予以禁止。

在法庭裁决公之于众的两天后，四十万份新版本的小册子便被散发出去。麦当劳公司知道自己不可能对此采取视而不见的态度。同时，该公司还获悉了一些其他消息：消费者仍然继续购买他们的产品。不能视而不见？对什么不能视而不见？

◎ 加格法律

二十世纪九十年代初，美国通过了"加格法律（Ag-Gag Laws）"，阻止开展保护动物权利的激进活动并宣布此举非法。艾丽西亚·普莱高斯基（Alicia Prygoski）将加格法律分为两部分：二十世纪九十年代初制定的法律法规，旨在阻止保护动物权利的激进人士非法侵入并造成物质财产损失。这些法律将未经许可进入工业化农业经营场所和毁坏或破坏财产定为犯罪。此外，还包括这样的描述：在工业化农业活动中所做的任何记录都属于非法。2011 年之后通过的现行法律"从防止财产损失转而聚焦于禁止记录，以遏制由此造成的经济损失"。

除了加格法律外，还有《动物和生态恐怖主义法案》（Animal and Ecological Terrorism Act，AETA）。该法案由保守的（受企业影响的）美国立法交流委员会（American Legislative Exchange Council）起草，旨在扩大"恐怖主义的定义，不仅包括财产破坏，还包括旨在'阻止'动物企业所采取的任何行动",包括非暴力反抗、不合作主义、目击见证以及记录企业不当行为等。

素食主义者、国会议员丹尼斯·库钦奇（Dennis Kucinich）对该项法案提出了反对意见。他指出，现有的联邦法律已经明文规定，"非法侵入就是非法侵入，盗窃就是盗窃，骚扰就是骚扰。"他预测，"该法案为特定类型的抗议创造了一种特殊的犯罪类别，如此宽泛的恐怖主义标签会让言论自由受到限制。"此外，"他还敦促国会对数百万关心动物得到人道主义对待的美国人所提出的问题给予更多的关注，并考虑针对这些问题立法。"虽然只有一小部分国会议员在午夜时分出席了针对《动物和生态恐怖主义法案》投票表决，但该法案却仍然得以通过，并于2006年11月27日由总统乔治·W. 布什签署后形成法律。其结果是，以卧底的方式记录工厂化农场里出现的虐待动物情况属于违法行为，但虐待动物本身却处于一种更容易被视而不见的状态，而一些传统的非暴力抵抗现在也很容易就会被贴上"恐怖主义行为"的标签。

◎ 奥普拉的审判

二十世纪九十年代，美国采取的另一项防止批评的司法策略是实施食品诽谤法，通常被称为《素食者诽谤法案》（*Veggie Libel Laws*）。

1996 年，在疯牛病和克雅氏病之间的联系被公之于众后，奥普拉·温弗瑞（Oprah Winfrey）主持了一档名为《危险食品》（*Dangerous Foods*）的节目。参加讨论的成员除了一位来自美国全国牛肉生产商协会（National Cattlemen's Beef Association）的代表外，还包括由成功的牧场经营者转变成素食评论家的霍华德·莱曼（Howard Lyman）。莱曼表示，美国应该禁止向反刍动物喂食反刍动物，并断言美国也有爆发疯牛病的危险。当莱曼描述肉类生产时，奥普拉做出回应道："牛是食草动物。"她继续表示："牛不应该以别的牛为食。"接着她大声宣布："我再也不吃汉堡包了！"结果导致了一场"奥普拉暴跌"——牛肉价格跌至十年来的最低点。

77

114

德克萨斯州的农场主保罗·F. 恩格勒（Paul F. Engler）和卡克特斯牛肉公司（Cactus Feeders, Inc.）（隶属于德克萨斯牛肉集团［Texas Beef Group］）联手对温弗瑞和莱曼提起诉讼。在开庭审判的第一天，德克萨斯州的素食主义者给入住在阿马里洛（Amarillo）酒店的温弗瑞送去了玫瑰，欢迎她来到孤星州（the Lone Star state）[52]。法官没有对该法律是否合乎宪法规定做出裁决，但却驳回了此案，宣称牛并非一种容易腐烂的食物，因此不符合德克萨斯法律的保护条件。（一年后，美国农业部禁止在反刍动物饲料中添加和使用动物性饲料。）

莱曼继续倡导素食主义，并指出，那些起诉他们的人"显然认为第一修正案……不应该被解释得如此宽泛，以至于允许人们肆意诋毁牛肉。"

以上案例对汉堡包造成了沉重的打击吗？事实是，没有。汉堡包将其影响轻松抖落，接着便东山再起。不过，二十世纪九十年代出现的案例表明，人们认为这种情形非常危险，必须加以遏制。

---

[52] 得克萨斯州的别称。

◎ "长了蹄子的蝗虫"的得意之日

用杰里米·里夫金（Jeremy Rifkin）[53] 的话来说，牛是"长了蹄子的蝗虫"。对汉堡包形成最新威胁的是对饲养和宰杀这些"长了蹄子的蝗虫"所造成的环境影响的担忧。有关"制作四分之一磅重的汉堡包需要什么（What It Takes To Make A Quarter-Pound Hamburger）"（研究对粮食、水、土地和矿物燃料的需求）和"我们每食用一个汉堡包就是在破坏一次环境（We are Killing the Environment One Hamburger at a Time）"（同上）的新闻节目和文章层出不穷。关于环境影响的讨论所被提出的问题包括："你是哪里的公民？你是地球公民吗？"

2006 年，联合国粮食及农业组织（United Nations Food and Agriculture Organization）发表了一份报

---

[53] 杰里米·里夫金，美国华盛顿特区经济趋势基金会总裁，享有国际声誉的社会批评家和畅销书作家，著有《第三次工业革命》《工作的终结》等。

告，标题为《畜牧业的巨大阴影》（*Livestock's Long Shadow*）。很多环境学者认为这份报告的估计比较保守。该报告得出的结论是，畜牧业比运输业产生的废气更多（以二氧化碳当量加以衡量，该废气占了温室气体总排放量的18%）。

环境哲学家克里斯托弗·施洛特曼（Christopher Schlottmann）与杰夫·塞博（Jeff Sebo）合著了《食物、动物与环境：一种伦理方法》（*Food, Animals, and the Environment: An Ethical Approach*）一书。我曾经请施洛特曼给我讲解有关牛类养殖业对环境影响的统计数据。他解释说，"和大多数生命周期分析一样，所有事实真相无不是盘根错节，错综复杂——任何数字的得出都是以大量的假设或模型为基础。"

施洛特曼接着说，"当我们谈论环境时，最常见的是畜牧业对土地用途变化所产生的影响：砍伐森林和挖掘泥土会导致水土流失、养分流失、栖息地遭到破坏和二氧化碳的释放。"这就变成了农产品（比如汉堡包）的发展轨迹：使用了多少土地，消失了多少森林，由于土地变成了牧场或用于牲畜饲料的种植等原因造成了生物的多样性丧失。人们认为地球上三分之一的土地都已经被用于畜牧业的发展。

全球总共有十五亿头牛和六百亿只陆地动物。"试想一下地球上所有牛加在一起的体重，"施洛特曼建议道，"其重量比地球上人类的总重量还要大，而且每头牛都在吃东西，都在呼吸，都在排泄，在践踏土地。"（奶牛场一头奶牛每天产生大约一百五十磅重的废物。）

施洛特曼接着说："牛是温室气体的主要来源。"

温室气体排放的三种主要类型包括二氧化碳、甲烷和一氧化二氮。"根据瑞典食品与生物技术研究所（Swedish Institute for Food and Biotechnology）的乌尔夫·索尼松（Ulf Sonesson）的说法，"——我在这里引用的是彼得·辛格（Peter Singer）[54]的原话——"每供应一公斤牛肉会产生十九公斤的二氧化碳排放量，而每供应一公斤的土豆只会产生二百八十克的二氧化碳——这使得牛肉的碳排放量是土豆的六十七倍。"

---

[54] 彼得·辛格（1946— ），澳大利亚和美国著名伦理学家，曾任国际伦理学学会主席，是世界动物保护运动的倡导者。其代表作为《动物解放》一书。

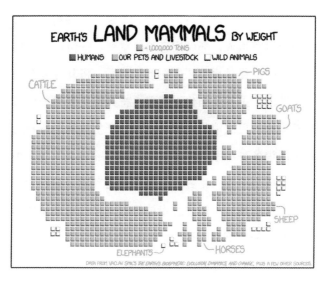

图 9　陆地哺乳动物图解。
感谢 xkcd.com.

EARTH's LAND MAMMALS by weight 按体重计算的全球陆地哺乳动物

1,000,000tons 一百万吨

Humans 人类

Our pets and livestock 宠物和牲畜

Wild animals 野生动物

Cattle 牛

Elephants 大象

Horses 马

Sheep 绵羊

Goates 山羊

Pigs 猪

甲烷是牛消化过程的产物；牛是反刍动物，牛胃由四个胃室组成，都可用来消化草料。一位记者这样解释牛的消化过程："牛吃下草料后，将其存放在一个酸性槽子里初步消化，接着再将其输送到另一个酸性槽子里，再次消化，这一过程会产生成吨的废物，更不用说各种温室气体了。"不论打嗝还是放屁，牛都会排放出甲烷。牛粪池也是甲烷的来源。我们大多数人发现很难将牛的各种身体机能与它们对环境的影响结合起来。不过，请回忆一下这个数字吧：全球有十五亿头牛正在打嗝、放屁和排便。

统计数据显示，与其他造成污染的因素（如运输业）相比，畜牧业产生的有害影响有所不同，这其实与预测的时间长短有关：时限是一百年还是二十年。辛格从下个世纪的角度做出如下解释：

人们普遍认为，一吨甲烷造成全球变暖的威力是一吨二氧化碳的二十五倍。这使得甲烷具有很高的效能，但与二氧化碳相比，甲烷虽然威力巨大，但数量却要少得多——与燃煤发电站产生

81

的二氧化碳量相比，反刍动物产生的甲烷量要小得多。因此，人们普遍认为反刍动物排放的甲烷远没有燃煤发电那么令人担忧。

施洛特曼以一百年为时限做了计算后对这一问题做出了如下描述："说到甲烷，三分之二的甲烷将在十年内消失殆尽；到了二十年后，90%的二氧化碳都将会得以分解。"如果我们提出以下问题，"在未来的二十年里，哪些气体的排放将会导致气候的变化？"我们就可以发现甲烷是如何吸收更多热量的。"如果以二十年为时限计算，甲烷吸收的热量是二氧化碳的七十二倍。"

（而作为"有机"汉堡包和"本地"汉堡包食材来源的草食奶牛所释放出来的温室气体更多。）

第三大温室气体是一氧化二氮，它是因为化肥的生产和使用以及动物粪便储存不当而产生。为了促进农作物的生长，农民会施加氮肥，但只有一半氮肥能被农作物吸收；另一半则排放到环境中。畜牧业的发展需要生产和消费大量饲料，而牛在这一过程中也排泄了大量富含氮元素的粪便。施洛特曼向我阐释了这一方面所产生的影响："化肥促进了植物的生长，但水中所含有的化肥也促进了藻类的生长。藻类在生长过程中将水中的氧气吸收殆尽，结果造成了鱼类无氧可吸。"过量的氮不但会导致水中出现藻华现象，而且还威胁到了生物的多样性发展，造成了空气污染，并引起了呼吸问题和健康问题。一项研究结果表明，"养牛所产生的氮污染几乎是种植同样数量的大豆蛋白所产生氮污染的十六倍。"

对水的担忧包括水污染和水利用等两个方面。一头牛平均每天消耗三十七加仑（约合一百四十升）的水。《畜牧业的巨大阴影》中写道：

> 畜牧业是用水大户，且用水量与日俱增，该行业的用水量占全球人类用水总量的 8% 以上，大部分水都用于饲料作物的灌溉。畜牧业可能是最大的行业水污染源头，造成了诸如水体富营养化、沿海地区的"死亡"区域、珊瑚礁退化、人类健康问题、抗生素耐药性等很多其他问题。污染的主要来源包括：动物粪便、抗生素和激素、

制革厂的化学品、饲料作物所使用的化肥和杀虫剂以及侵蚀草场的泥沙沉积等。目前我们尚无法得到全球范围内的大数据，但在国土面积居世界第四位的美国，据估计，畜牧业的发展造成了55%的水土流失和泥沙沉积，使用了37%的杀虫剂和50%的抗生素，并造成三分之一的氮和磷入侵了淡水资源。

尼克·菲德斯（Nick Fiddes）注意到，

杀戮、烹饪和食用其他动物的肉也许是人类优于自然界其他生物的终极证明，而动物血光四溅便成为一个充满活力的主题。因此，对于个人和社会而言，控制环境具有重要的价值，而肉类消费便成为一个关键象征。长期以来，动物肉一直代表着人类向自然界展示出来的"肌肉"。

但它却不仅仅是支配自然界的肌肉，更是改变自然界的肌肉。

◎ 现代性及其缺憾

在现代化时期，用食物喂食动物以生产食物的做法非常盛行，此举导致发达国家各阶层肉类的消费量都有所增加。在大多数情况下，将食物喂给成为食物的动物会减少90%的可供食用的食物。换句话说，"在牛所消耗的食物中，只有不到10%变成了它们身体的一部分。"以大豆为例。大部分大豆作物变成了我们的食物。然而，与牛肉不同的是，大豆对土地的需求微乎其微。

根据每天七十克蛋白质的需求，美国在一英亩土地上出产的牛肉、牛奶（含乳制品）、面粉和大豆中的蛋白质可以分别满足77天、236天、526天和2224天的需求。换句话说，每英亩蛋白质产量最高的是大豆，其蛋白质产量是小麦的四倍，是牛肉的二十九倍。

（这就提醒我们不得不注意一个问题：为什么地球上三分之一的土地都被用来发展畜牧业？）

汉堡包跟人类不同，无法提醒我们牛具有呼吸、进食、排便的能力，也无法提醒我们牛作为反刍动物具有打嗝的能力。汉堡包所蕴含的一些特性——牛食用其他牛的大脑（直到1996年才停止），牛吃的是可以给人类食用的食物，牛排便、牛打嗝等等——虽然爆发出来，但却如昙花一现。

埃里克·施洛瑟在电影《快餐国家》（*Fast Food Nation*）中展示了"你的肉里怎么会有粪便"（粪便中含有致病菌，比如致命的大肠杆菌0156:H7）。联邦政府资助的畜牧业生产牛肉；民众以汉堡包为食。

在纪录片《超码的我》（*Super Size Me*）中，摩根·斯普尔洛克（Morgan Spurlock）在麦当劳餐厅连续吃了一个月汉堡包后感觉生不如死。垂直一体化的畜牧业生产牛肉；民众以汉堡包为食。

人们对抗生素耐药性和超级细菌存在的恐惧日益加深，但随之而来的信息却是，超过50%的抗生素都被喂给了家畜。近乎垄断的畜牧业生产牛肉；民众以汉堡包为食。

汉堡包之所以在现代大获成功，是因为其定位于消费习惯以及农业综合企业的传统收入流（traditional income stream）范畴，而在发展过程中所遭遇的各种身份危机都没有对其发展的连续性产生任何影响。此外，现代社会偏爱宏大叙事。汉堡包的故事多么宏大，尤其是当这个故事忽略了支撑汉堡包发展的联邦补贴和垄断的时候，更是如此。

既然汉堡包可以掌控社会等级，可以主宰各种非人类生物和地球的命运，那么汉堡包与空间（土地，空气和水）的关系、与人和动物之间的关系、与食物之间的关系，是否就是一种可以耗光用尽的现代主义关系呢？如果汉堡包是传递蛋白质的现代主义解决方案，而这种蛋白质却不具有可持续性，那么有什么能取而代之呢？

素食汉堡包

与汉堡包别无二致，有关素食汉堡包的起源也没
有统一的版本。2014 年，《史密森尼》（*Smithsonian*）
杂志上刊载的一篇文章对这种无肉汉堡包的历史进行
了挖掘，但仅追溯到了 1982 年。这篇文章认为，一位
英国发明家发明了一种盒装素食汉堡包。美国保守派
脱口秀主持人拉什·林堡（Rush Limbaugh）（天知道
他怎么会对这东西感兴趣？）认为跨国食品公司——
阿彻丹尼尔斯米德兰公司（Archer Daniels Midland）
在同一时期发明了素食汉堡包。这些说法让那些长期
吃素的民众摸不着头脑；他们记得在那之前也吃过素
食汉堡包。

电影发烧友们可能也会对这种素食汉堡包起源于
二十世纪八十年代的结论感到惊讶。1955 年，比利·怀
尔德（Billy Wilder）执导的电影《七年之痒》（*The*

Seven Year Itch）中有这样一个场景：一家素食餐厅里出现了一个大豆汉堡包。

"小姐，买单。"

"好的，让我看一下，您点了7号特餐：大豆汉堡包配法式油炸大豆、大豆果冻和薄荷茶。"

"别忘了，一开始我还点了一杯鸡尾酒呢。"

"哦，是的，您还点了加冰块的泡菜汁。您这一顿饭加上鸡尾酒总共才二百六十卡路里，这是不是让您有点儿得意呢？"

二十世纪五十年代中期的大豆汉堡包里都有些什么东西呢？菲利普·陈（Philip Chen）在1956年出版的《大豆对健康、长寿和经济的影响》（*Soybeans for Health, Longevity and Economy*）一书中给出了答案：

2杯豆浆（磨碎或压碎后过筛）

$1\frac{3}{4}$杯子面筋（他的意思是一种俗称"素肉[seitan]"的混合物）

1 杯花生酱

1 只小洋葱

6 汤匙番茄酱

2 汤匙酱油

$\frac{1}{2}$ 茶匙味精

$1\frac{1}{2}$ 茶匙鼠尾草

4 茶匙盐

（1982年，被《史密森尼》冠以"第一"名号的素食汉堡包里也有面筋和大豆。）

不过，谁会在二十世纪五十年代吃大豆汉堡包呢？

◎ 怪人餐厅

如果素食汉堡包（以及其他素食食品）的早期定义是"素食主义者的美食，其他人则弃若敝屣"，那么汉堡包的历史必然与素食主义者的历史紧密相连。1956年出版的《大豆对健康、长寿和经济的影响》表明，

89

大豆汉堡包是解决人口增长、土地稀缺和健康等问题的方法之一，但在《七年之痒》中，位于第三大街（the Third Avenue）的素食餐厅却被描绘成一个怪人专属的环境，而不是社会公平活动家的活动场所。在这家素食餐厅吃饭的食客不是邋里邋遢就是年迈苍苍。如果有人穿着白裙子站在通风口上方，肯定不会造成交通堵塞——这是玛丽莲·梦露（Marilyn Monroe）在《七年之痒》中的经典形象。

女服务员给客人点完单后，便开始滔滔不绝地发表演讲。她说的不是吃肉，而是关于裸体。她赞成裸体。衣服无异于敌人；人若裸体就不会生病，更不会引发战争。

素食主义者 = 各种"古怪"的主张。

1945 年，米尔德里德·拉格（Mildred Lager）出版了一本有关大豆的书。在这本书中，她描述了大豆在食品、服装、医药和化妆品等方面可能发挥的作用。拉格在书中写道，"多年来，我一直享受着被归类为'有点古怪'、一个饮食怪人的殊荣，因为我对大豆这种食物非常感兴趣。"

1961 年，《亚利桑那每日之星报》（*Arizona Daily Star*）体育版的大标题为：《体重和稀奇古怪的饮食》（*Weights and wacky dieting*）。文章描述了身高为六英尺七英寸（约合2.04米）的标枪运动员鲍勃·肖顿（Bob Shordone）的食谱：午餐为鸡蛋、生胡萝卜汁和有机水果，晚餐只吃"大豆汉堡包"。

素食主义者＝各种"古怪"的主张＋怪人

因此

素食汉堡包和大豆汉堡包＝无法勾起人食欲的"古怪食物"。

《史密森尼》对素食汉堡包出现时间的误判是素食汉堡包历史的隐蔽性所致。出现这种隐蔽性的部分原因是因为，几十年前那些引人注目的素食主义者被视为孤立的个体，他们持有特立独行（非主导）的文化立场。人们认为素食汉堡包味同嚼蜡，这种观点与人们对食用素食汉堡包的人所形成的刻板印象有关：那可是一群不合群的家伙。二十世纪六十年代初，伦敦一家颇受欢迎的天然健康食品餐厅自称为"怪人餐厅"，取这样的店名是有原因的。素食汉堡包长盛不衰，某某类型的人才以之为食的刻板印象已经不复存在。（没错，怪人餐厅供应大豆汉堡包已经变成了"应对快餐热潮的首选食品！"）

◎ 素食汉堡包的前身

在电影里首次出现大豆汉堡包的很长一段时间以前，人们就已经开始食用一种与素食汉堡包极为类似的食物。

正如一人份肉排比汉堡包出现的更早一样，素食肉排也比无肉汉堡包出现得早。《牛津食品指南》一书在给肉排下的定义中承认了这一点："一种由碎肉制成的圆形肉饼（或者一种替代品，如'坚果片'）"。英国人采用了十八世纪的法语术语"*croquette*（炸肉饼）"——一种用肉类制成的混合物——素食主义者将这种球状或长方形的肉饼加以改造，裹上面包糠后将其油炸。1897 年出版的《实用素食烹饪》（*Practical Vegetarian Cookery*）一书提供了一份制作蔬菜肉饼的食谱和一种神智学（Theosophical）方法。罗珀夫人（Mrs.

91

Roper）在 1902 年出版的《蔬菜烹饪和肉类替代品》（*Vegetable Cookery and Meat Substitutes*）一书中提供了一份豆饼制作食谱。

M. R. L. 夏普（M. R. L. Sharpe）在 1908 年出版的《黄金法则食谱：六百种素食菜谱》（*The Golden Rule Cookbook: Six Hundred Recipes for Meatless Dishes*）为小扁豆肉饼和坚果肉饼的制作提供了指导，其中还包括制作一种"基础面包（Foundation Loaf）"的食谱。其配料包括面筋（即素肉）、调味品和花生碎，放在一个面包模具里蒸制，然后再将其制作成油炸素饼。

素食主义者萧伯纳（George Bernard Shaw）品尝过裹有面包糠的炸蔬菜丸子、坚果丸子和用巴西坚果做的干果蛋糕。这种非肉类的组合方式被引入了素食汉堡包的制作过程中。例如，弗朗西斯·摩尔·拉佩（Frances Moore Lappe）在 1971 年出版的《一座小行星的饮食》（*Diet for a Small Planet*）中提供了一种用大豆和花生制作的豆饼。

素食主义者并不一定只能选择吃法拉费——一种有着悠久的历史、富含蛋白质的油炸蔬菜饼，他们还可以选择有着几百年历史的印度油炸蔬菜饼（*Tikkis*），油炸肉丸子或蔬菜丸子（*Kafta*），或选择富含蛋白质的油炸小扁豆或豆饼（*Badé*）。早在公元前两千五百年，印度南部就已经开始制作类似于素食汉堡包的食品："早期农业发展以在当地种植小米和豆类作物为主，其中也涉及了大规模的粮食加工以及用于烧水煮饭的陶制器皿的发展。在该地区，大米以及其他粮食经常被碾磨成面粉，与木豆面（dhal）混合后便可以制作出很多当地特色食品，例如，米豆蒸糕（*idli*）（以扁豆为原料的美味蒸糕）、脆饼（*vadai*）（以扁豆为原料的油炸馅饼或油炸饺子）或煎饼（*dosa*）（以扁豆为原料的煎饼）。这些食物的出现也许并非偶然。" K. T. 阿查亚（K. T. Achaya）在《印度菜：历史的伴侣》（*Indian Food: A Historical Companion*）一书中描述了以扁豆泥为原料的其他油炸菜饼。

根据大豆食品专家威廉·夏利夫（William Shurtleff）和青柳昭子（Akiko Aoyagi）的说法，1924 年英语中第一次提到广受欢迎的日本"飞龙头豆腐"（ganmodoki，意思是"假鹅"）——一种油炸豆腐饼。

传统"飞龙头豆腐"的制作方法是将豆腐压实，与蔬菜丁、芝麻和其他配料混合做成饼状后，放在油锅里煎炸。

从本质上说，这些食品都不能称之为"素食汉堡包"的前身，但每种食品却又都是可食用蛋白质的来源，都取材于植物，而且最早都是由非"怪人"群体制作而成。

◎ 宗教与无肉汉堡包

一位美国女性在促进无肉汉堡包烹饪发展方面所做的贡献可能比任何人都多。十九世纪中期，基督复临安息日会（Seventh Day Adventism）的创始人艾伦·古尔德·怀特（Ellen Gould White）认为，上帝希望他的信徒们"出面反对各种形式的放纵"，其中一种放纵就是吃荤。她的远见卓识以及后来出版的系列作品创造了美国第一个大规模的素食产品市场。时至今日，在基督复临安息日会的教徒中，大约有一半都是素食主义者。

图 10　1941 年 3 月 7 日，《洛杉矶时报》(*Los Angeles Times*)
上刊登的麦迪逊食品公司 (Madison Foods) 的广告。
感谢加利福尼亚州拉斐特市 (Lafayette) 大豆信息中心 (Soyinfo Center)。

到了十九世纪九十年代，食品发明家约翰·哈
维·凯洛格（John Harvey Kellogg）和 C. W. 波斯特（C.
W. Post）——以及后来的诸如巴特尔克里克食品公司
（Battle Creek）、洛马林达食品公司（Loma Linda）、
麦迪逊食品公司、沃辛顿食品公司（Worthington
Foods）等机构——专注于开发无肉的替代品。他们是
开发仿肉类食品的先驱。他们将面筋作为烹饪食材，
使用非肉类的蛋白质来源，如坚果和大豆中的蛋白质。

与汉堡包别无二致，与素食汉堡包类似的产品
在美国首次问世也是在十九世纪晚期。1896 年，巴
特尔克里克疗养院面包房（Battle Creek Sanitarium
Bakery）推出了一种以花生为主要原料的罐装产品"坚
果饼（Nuttose）"。这是"西方世界第一个商业化的
肉类替代品"。人们可以将其切成饼状，油炸后便可
端上餐桌。不久后，艾拉·伊顿·凯洛格（Ella Eaton
Kellogg）在 1904 年出版的《健康食谱：食物制作，
尤其是健康食物制作的精选食谱集》（*Healthful Cook-
ery: A collection of choice recipes for preparing foods,
with special reference to health*）一书中提供了一份"面

筋饼"的制作食谱。

在汉堡包出现的几十年里，美国社会在很大程度上并无任何可圈可点之处，而其经济发展在很大程度上也陷入了停滞，但人们却在汉堡包出现的几个地点开发出了一种无肉汉堡包。在经济大萧条时期即将结束之际，基督复临安息日会的信徒们推出了一种"大豆汉堡包"。1937 年，田纳西州的麦迪逊食品公司推出了这种无肉汉堡包，两年后更名为"佐伊汉堡包（Zoyburger）"。1938 年，洛马林达食品公司推出了一种面筋汉堡包（用豆面制作而成）。

1939 年，杰思罗·克洛斯（Jethro Kloss）在《回到伊甸园：一本关于疾病的草药疗法和其他自然疗法的书》（*Back to Eden: A Book On Herbal Remedies for Disease, and Other Natural Methods of Healing*）中同时介绍了"面筋饼"和"豆饼"（将豆浆、糙米、洋葱、大蒜、酱油和植物油混合在一起）的配方。1941 年，伊达·克莱因（Ida Klein）在一本关于素食烹饪法的德语书中提到了一种"无肉汉堡包——'用豆面做的肉饼'"。没过多久，美国宣布参加二战。

95

◎ 二战期间的汉堡包

1943 年 3 月 29 日，物价管理局（Office of Price Administration）建立了肉类定量供应制度。当时，餐馆禁止供应肉制品，买肉也需要凭借限量供应的肉票，因此肉类配给制率先引入了"无肉日"。此外，为了解决肉食短缺问题，该机构还做出了很多颇具创造性的尝试。于是，不仅出现了"星期二无肉日（Meatless Tuesdays）"，而且豆面也被允许加入汉堡包肉饼中。

白色城堡也探索提供无肉汉堡包。由于基督复临安息日会信徒们的食品实验已经开展了四十多年，因此白色城堡很快便找到了几种可供选择的食品。

本尼·本弗（Benny Benfer）甚至在定量配给开始实施之前就已经着手探索这些替代方案，并发现了一系列可供选择的食品。他发现，很多主要食品生产商都已经在销售无肉三明治，其中约翰·哈维·凯洛格的巴特尔克里克食品公司提供的选择最丰富。该公司提供了两种素食饼，一种用酵母和蔬菜汁制成，另一种用小麦、花生和盐制作而成。哥伦布市（Columbus）附近的特殊食品公司（Special Foods）也提供一种名为"牛米特（Numete）"的肉食替代品，用花生、玉米粉、盐和调味料制作而成，据说尝起来味道很像牛肉。

选择范围最广的莫过于很多食品公司都提供的大豆汉堡包。洛马林达食品公司提供的"维格罗娜（Vegelona）"是用大豆、番茄、洋葱和花生制作而成，而"普罗缇娜（Proteena）"则是用大豆、番茄汁和酵母提取物混合制作而成。

二战期间，美国的大豆产量翻了一番。《纽约时报》介绍了一种"十美分的大豆汉堡包"，可以在无肉可吃的日子里取代汉堡包。这种汉堡包是用"豆面、面粉、脱水洋葱和其他调味料混合制作而成，被称为豆饼（Beanburger）"。《纽约时报》解释说："这种豆面可以'原封不动地用来'制作肉饼，也可以作为肉类补充用在汉堡包、炸肉饼以及面包中。"两个月后，

《洛杉矶时报》（*Los Angeles Times*）对此也进行了报道，将这种豆饼称为"人造肉（meatless meat）"，这是迄今为止为人所知最早使用这一说法的英语文献。同时推出的还有巴特勒餐馆（Butler's）制作的素食汉堡包（Vegeburger）。第二年，二战结束。俄亥俄州沃辛顿市（Worthington）的特殊食品公司推出了一种"肖普莱汉堡包（Choplet-Burger）"。"这是一种豆制品，每罐三十盎司（约合八百五十克），食品质地像汉堡包，可以做成饼状后油炸。"米尔德里德·拉格（Mildred Lager）在 1945 年出版的《有用的大豆：现代生活中的一个积极因素》（*The Useful Soybean A Plus Factor in Modern Living*）一书中介绍了一种"素食豆面"（包括豆面、蔬菜汤、番茄酱、酱油、洋葱碎）的配方，人们可以用它来做"大豆汉堡包"。 97

豆饼、大豆汉堡包、无肉汉堡包……这些术语首次出现是在二战期间并逐渐开始普及，到了二十一世纪就已经变得司空见惯。二战期间兴起的日托中心让女性能够在军工厂以及其他战时重要行业做出贡献。然而，就像这些日托中心昙花一现一样，那种认为无肉汉堡包可能成为未来食品的狂热观点也逐渐消失不见。战后的经济发展主张更加传统的蛋白质来源以及女性在中产阶级家庭中的传统角色。

◎ **基督复临安息日会的进一步发展**

基督复临安息日会的经济不断发展——食品加工公司层出不穷、教会报纸上刊登的广告不断，在教会食品店和医院里都有食品出售——人们也早已经见怪不怪。不论城市大小，哪里的教会商店都可以提供大量深受欢迎的家庭素食。在整个二十世纪，教会从未停下发展无肉汉堡包的步伐。

1949年，洛马林达食品公司推出了素肉汉堡包（Vegemeat Burger）（或称素肉饼 [Vegemeatburger]——露西尔·鲍尔 [Lucille Ball] 为之命名）。十年后，人们发现沃辛顿食品公司开始为素食汉堡包做广告。1968年，基督复临安息日会成员罗莎莉·赫德（Rosalie Hurd）和弗兰克·赫德（Frank Hurd）在他们二人合著的《十项天赋》（*Ten Talents*）中提供了制

作杏仁小扁豆饼（Almond-Lentil Patties）、小米南瓜
籽饼（Millet-Pumpkin Seed Patties）、高蛋白小米饼
（Hi-Protein Millet Patties）、核桃燕麦饼（Walnut Oat
Burgers）、大豆小米饼（Soy-Millet Patties）、大麦饼
（Barley Burgers）和麦芽饼（Sprouted Wheat Burgers）
的食谱，在出版界引起了轰动。

◎ 二十世纪六十年代与反主流文化汉堡包

二十世纪六十年代，环保运动、世界饥饿意识和
反战运动等几个方面的发展为素食汉堡包创造了一个
不断扩大的市场。瑜伽在同一时代的普及也同样功不
可没。1962 年，理查德·希特曼（Richard Hittleman）
在其所著的《年轻瑜伽》（*Be Young with Yoga*）一书
中列举了反对肉食的瑜伽案例（他同时警告读者说，
这些人将被视为"追求新奇食物之人"或"怪人"）。
埃德娜·汤普森（Edna Thompson）在 1959 年出版的
《瑜伽食谱》（*The Yoga Cookbook*）一书中为希特曼
的读者和其他瑜伽爱好者提供了一份制作大豆汉堡包

的食谱。

校园言论自由运动（Free Speech Movement）的发源地也促进了素食汉堡包的推广。1967 年，加利福尼亚大学伯克利分校（University of California, Berkeley）校园附近的一个三明治摊推出了"乡村大豆汉堡包（Village Soyburger）"。

1971 年，《一座小行星的饮食》督促人们从环境保护和保障人类福利的角度出发重新考虑以肉食为主的饮食习惯，并提出了替代方案。除了前文提到的豆饼，人们还可以学习如何制作鹰嘴豆豆饼。拉佩的著作出版后不久，爱德华·埃斯佩·布朗（Edward Espé Brown）的《塔萨哈拉烹饪》（*Tassajara Cooking*）随即问世；布朗的大豆汉堡包配方包括大豆、大米、洋葱、胡萝卜、芹菜、大蒜、鸡蛋、麦芽或燕麦片。在布朗的著作出版一年后，斯坦福大学（The Farm）[55]——将大豆和营养酵母作为烹饪食材的先驱——出版了一份制作大豆汉堡包的食谱。

99

---

[55] 斯坦福大学的别名是"农场"。

144

在《七年之痒》将大豆汉堡包描述为非主流食品的二十年后，主流报纸《基督教科学箴言报》（Christian Science Monitor）和《华尔街日报》（Wall Street Journal）刊登了制作大豆汉堡包的食谱和有关大豆汉堡包的文章。（肉类价格飞涨促使人们开始寻找肉的替代品。）

二十世纪七十年代中期出版的两本书影响深远：威廉·夏利夫和青柳昭子于1975年出版的《豆腐之书：人类的食品》（Book of Tofu: Food for Mankind）（该书提供了制作豆渣饼 [豆渣"okara"是制作豆浆后剩余的糊状物]、大豆饼和豆腐饼的配方）以及1976年出版的《劳雷尔的厨房：素食烹饪和营养手册》（Laurel's Kitchen: A Handbook for Vegetarian Cookery and Nutrition）。《豆腐之书》（The Book of Tofu）介绍了制作大豆汉堡包的食谱，书中写道："如今能买到大豆汉堡包的天然食品商店越来越多，在家里制作也易如反掌。"

人们可以选择在家中制作素食汉堡包。除了在基督复临安息日会经营的教会商店里可以买到素食汉堡包外，人们还可以在其他店铺或餐馆里找到素食汉堡包的身影。例如，东西方美食餐厅（East West Cookery）供应的大豆汉堡包，由自然烤箱食品公司（Nature's Oven）推出的、在劳德尔堡（Fort Lauderdale）的七家餐馆都可以买到的阳光汉堡包（Sunburger）。1976年，缅因大学（University of Maine）欧洛诺分校（Orono）推出了豆腐汉堡包。到了1977年，很多当地餐馆都开始跟随潮流发展，对素食汉堡包发生了兴趣。感恩节前夕，印第安纳波利斯（Indianapolis）[56] 的麦奇叔叔餐馆（Uncle Munchie's）在《印第安纳波利斯星报》（*Indianapolis Star*）上登了一则广告："全套晚餐和三明治，从素食汉堡包到牛排应有尽有。"

101

---

56 印第安纳波利斯是美国印第安纳州最大城市、首府。

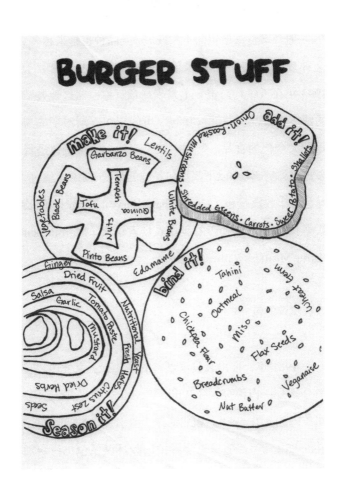

图 11 埃拉·明特（Elle Minter）《汉堡包配料》（*Burger Stuff*）
本插图版权归埃拉·明特所有，2017 年。

随着素食汉堡包的不断发展，其品种也越来越多。这种现象促使玛丽安·伯罗斯（Marian Burros）于1995年在《纽约时报》上发表文章宣称："这种典型的嬉皮士食品（豆腐汉堡包）可能正在逐渐演变成为一种大众化的食品。"她对三十四种素食汉堡包进行了等级评定，认为以下汉堡包是她的最爱：博卡汉堡包、绿色大丰收汉堡包（Green Giant Harvest Burger）以及沃辛顿食品公司生产的晨星农场素馅饼（Morningstar Farms Meatless Patties）。

◎ 天贝汉堡包

1981年，推出天贝汉堡包的一共有三家公司，它们分别是：白浪公司（White Wave）、太平洋天贝公司（Pacific Tempeh）和北海岸天贝公司（North Coast Tempeh Co.）；随后更多种类的天贝汉堡包也纷纷涌现——其中最受欢迎的（也是我最喜欢的）是素火鸡食品公司（Tofurky）推出的天贝汉堡包。

我曾经采访过素火鸡食品公司的创始人塞思·蒂

博（Seth Tibbott），向他询问天贝汉堡包的起源。"天贝汉堡包实际上有着悠久的历史。我记得第一家生产天贝汉堡包的公司是旧金山的太平洋天贝公司，他们推出的是油炸天贝汉堡包。这是一种革命性的产品，在田园汉堡包（Gardenburger）和很多其他汉堡包出现之前就已经问世——是一种真空包装的冷冻汉堡包。"

图 12　超越巨无霸（Move over Big Mac）。
感谢：素火鸡食品公司。

　　1983年，罗恩·罗森鲍姆（Ron Rosenbaum）在《时尚先生》（*Esquire*）杂志上撰文，对天贝汉堡包展开了猛烈抨击，

　　很抱歉，我要和天贝划清界限。我在品尝大豆汉堡包、豆腐汉堡包、小扁豆核桃汉堡包和向日葵籽汉堡包时并没有感觉到有任何不妥之处，但我就是无法忍受天贝汉堡包。……假如你一定要知道，天贝是由经过霉菌发酵的大豆制作而成。豆制品专家声称，天贝富含各种质量上乘的蛋白质，人们甚至无法从广受赞誉的豆腐中获得这种蛋白质。这是健康食品领域的热门新品。我才不在乎呢。每当听到"天贝"这个词，我唯一能想到的就是那些漂浮在卫生食品店的脏水里、正在发霉的一块块豆腐，颜色煞白。想想都觉得恶心。对于天然食品给健康带来的好处我毫无异议，但我也有自己的一些审美标准。……我的想法是寻找一种可以代替汉堡包的健康食品，这种食品在感官层面上尝起来味道不错，在灵魂层面上也能

让人得到满足。……替代品能提供这种满足感吗？算了，还是别提豆腐汉堡包了吧。我们正在寻找的是汉堡包的替代品，而不是让汉堡包锦上添花的东西。豆腐汉堡包平淡无奇，淡而无味，简直就是克己苦行者的首选。豆腐汉堡包可能尚属一种纯天然食品，但尝起来却像是聚酯纤维。

104

好吧，他能一吐为快，我也替他高兴。不过请注意啊，当我将这段话读给素火鸡食品公司的创始人塞思·蒂博听时，他反驳道："美国人不善于处理存在细微差别的一些问题。他一开始谈论的是天贝，但很快就把话题转移到了豆腐上。这原本就是两种截然不同的食材。"

罗森鲍姆完全误解了天贝的发酵过程。在二十一世纪这个大时代，发酵技术卷土重来，所以他也因为缺乏先见之明而痛失头筹！与其他汉堡包不同，天贝汉堡包是一种手工制作的汉堡包，而且制作过程也更加复杂困难。1987 年，素火鸡食品公司推出了改良版的高档天贝汉堡包，并称之为超级汉堡包。将天贝、糙米和野生大米腌制在由酱油、柠檬汁和大蒜构成的酱汁中。

塞思·蒂博对其制作过程做了如下描述：

首先，必须将大豆制作成天贝。为了提高效率，我们委托别家公司制作了类似于松饼托盘的纸杯。将发酵过的大豆放进纸杯里，接着把天贝做成汉堡包肉饼的形状，然后将其放进沸腾的酱油腌料里煮熟，这样天贝饼就会入味三分。

煮豆子，烘干豆子，将豆子做发酵处理，制成天贝……制作一份美味的天贝汉堡包需要两天时间。博卡汉堡包或田园汉堡包的产量很大，但天贝汉堡包的生产能力却非常有限。

图 13　超级汉堡包（Super Burger）。
感谢：素火鸡食品公司。

◎ 盒装混合配料

105
　　实际上，在新兴的素食汉堡包行业中，盒装混合
配料属于后来者居上。早在 1977 年 11 月，人们就可
以在《素食时报》（*Vegetarian Times*）上看到弗恩大
豆食品公司（Fearn Soya Foods）所刊登的"芝麻汉堡
包混合配料（Sesame Burger Mix）"的广告。不久，
神奇食品公司（Fantastic Foods）的"纯天然汉堡包混
合配料（Nature's Burger Mix）"也在《素食时报》上
刊登广告（1979 年 3 月），加入了芝麻汉堡包混合配
料的行列。

　　随后，其他种类的汉堡包混合配料也大量涌现：
1983 年，神奇食品公司推出了豆腐汉堡包混合配料
（Tofu Burger Mix）（无肉型）——"只需将一磅重
的豆腐捣碎，与我们的混合配料拌匀后做成饼状，然
后煮熟。几分钟后，你就可以享用到美味可口且富含
营养的豆腐汉堡包。"1986 年，阿彻丹尼尔斯米德兰
公司（Archer Daniel Midland）推出了素食汉堡包（富

154

含大豆浓缩蛋白的干拌混合配料），也加入了这一行列。

这种产品的食用方法简单方便——加入沸水，做成饼状后油炸——但却利弊参半。有些人因为喜欢其味道而对其念念不忘；有些人则认为这种产品可有可无。

◎ 科学上的创新导致新型素食汉堡包问世

大豆压榨技术将大豆转化为豆油和豆粕。在提到用大豆制作的素食汉堡包时，一些常用词——如"萃取""粉碎"和"溶剂"等在二十世纪初开始陆续出现。一个世纪后，这些词就已经变得耳熟能详。大豆信息中心所记载的关于大豆压榨的历史明确而详尽。人们发现，英国在1908年"首次记录了压榨大豆的主要原因是为了萃取豆油和豆粕"。当时，豆油是制作肥皂的原材料，而豆粕则变成了家畜口中的美食。

从大豆中分离豆油的常用方法是使用榨油机，例如液压榨油机。但在二十世纪三十年代初，阿彻丹尼尔斯米德兰公司从德国引进了"一台日产一百五十吨的希尔德布兰特（Hildebrandt）连续浸出逆流（U管）正己烷溶剂榨油机"。该榨油机以正己烷作为溶剂，将大豆分离成豆油和豆粕。正己烷溶剂是从石油中蒸馏而得，沸点较低，在五十到七十摄氏度之间。一旦大豆开裂，经过加热和去皮处理后，就会"被浸泡在正己烷中提取油脂。然后把豆油和脱脂的豆粕分别蒸至正己烷挥发。"

真正的突破出现在1970年，当时威廉·阿特金森（William Atkinson）将一种造价低廉且相对简单的工艺申请了专利，这种工艺可以将豆面润湿，形成"可塑性较高的"豆面团，使其达到高温，再迅速令其穿过带孔模具，存放在一个温度和压力都较低的容器中，这样豆面团就会变得"嚼劲十足"。结果便可以制作出来一种味道不咸不淡的粒状食材，其大小和形状因模具而定，含水量约为5%。当这些粒状食材与水混合时，仍然可以保持其结构的完整性，在手感和质地上都与润湿的小块汉堡包极为相近。

107

1975年，美国食品药品监督管理局修改了有关大豆蛋白的政策：只要相关产品在营养上与真正的大豆蛋白相同，就不再要求在含有大豆蛋白的标签上使用"人造"一词。

有可能少量的正己烷最终会出现在素肉里。一份报告断言，这对人类健康会造成威胁；但很多科学家对这一说法不敢苟同，他们认为科学研究已经发现，"没有证据可以证明，摄入含有微量正己烷残留的食物会对消费者的健康带来任何风险或造成任何威胁。"

1994年，赛百味（Subway）三明治连锁店开始供应博卡汉堡包。2000年左右，一家名为"后院汉堡包（Back Yard Burgers）"的小型连锁店开始销售田园汉堡包的素肉饼。这家连锁店在美国的十七个州拥有约一百家餐厅。2002年，汉堡王在全国八千多家分店中同时推出了素食汉堡包，成为美国第一家将素食汉堡包列入菜单的大型快餐连锁店。2004年，麦当劳公司在西海岸各门店尝试推出一种素食汉堡包，令很多人大失所望的是，该尝试半途而废。如今还有很多其他连锁店也在销售素食汉堡包，而麦当劳公司也正在试销售其中一种。

《史密森尼》搞错了素食汉堡包最早出现的年份，将其历史推后了八十年。该杂志也错过了与素食汉堡包有关的其他方面的发展，比如活力汉堡包（Vital burger）、香喷喷汉堡包（Sizzle burger）、爱情汉堡包（Love burger）、所有 DIY 汉堡包以及其他盒装混合配料的出现，忽视了基督复临安息日会对素食汉堡包所做的贡献，对二战时期的各种创新以及各大餐馆推出的汉堡包单品也视而不见。

尽管素食汉堡包的大部分历史都不为人所知，但在整个二十世纪，它却与汉堡包齐头并进。我们如何才能衡量素食汉堡包在文化传播方面所发挥的作用呢？能否用其商业效用加以衡量？是根据其食谱在国内发挥的作用？是其正式登上了餐馆的菜单？还是主流媒体是什么时候注意到素食汉堡包的存在的？或者，就像《史密森尼》一样，主流媒体在素食汉堡包以盒装混合配料的形式出现时才注意到它的存在？

素食汉堡包是各种配料的混合物，而这些问题的答案也像素食汉堡包的配料一样密不可分。各种食谱都肯定了素食汉堡包的存在正当合法，尤其是当它出现在像《一座小行星的饮食》（销量超过三百万册）这样成功的书中时，情况更是如此。此外，那些在二十世纪七十年代接二连三问世的食谱书也一次次对其加以肯定。人们在外出就餐时轻而易举地就可以吃到素食汉堡包，这也有助于素食汉堡包常规化发展的进程。那么，那些盒装混合配料呢？当然能让人们足不出户就可以快速准备好所需要的一切。

最新加入素食汉堡包食材战队的是菠萝蜜。这种水果营养丰富，在印度的种植历史已经长达上千年；它已经成为一种质地醇厚的汉堡包配料。菠萝蜜是世界上最大的水果，不但抗病虫害，而且抗旱。汉堡包与其相比能否更胜一筹呢？"它的营养状况同样令人瞩目：研究人员表示，它可以替代小麦、玉米以及其他可能因气候变化而受到威胁的主要作物。"

2001 年上映的电影《苏格兰场》（Scotland, Pa.）将场景设置在一家仿麦当劳餐厅的汉堡店，重新讲述了麦克白（Macbeth）[57] 的故事。主角之一是一个名叫麦克达夫（McDuff）的素食警察，该警察对一系列不幸的事件展开调查。在电影的最后，麦克达夫以"素食汉堡包之家（Home of the Veggie Burger）"为标语在以前快餐店的旧址上新开了一家素食餐厅。开业当天，停车场上空无一人。

《苏格兰场》表明，仅凭一个素食汉堡包摊位根本无法在短期内扰乱整个汉堡包产业。该片拍摄于约二十年前，当时也没有预料到将来会有一种新型汉堡包问世。

---

[57] 麦克白是英国剧作家莎士比亚创作的戏剧《麦克白》的主人公。该剧创作于 1606 年。自十九世纪起，同《哈姆雷特》《奥赛罗》《李尔王》被公认是威廉·莎士比亚的"四大悲剧"。

"探月"汉堡包

2016年，阿尔法特（Alphabet）（谷歌[Google]的母公司）的执行董事长埃里克·施密特（Eric Schmidt）列举了当代改变游戏规则的最重要的六大技术，或称"探月"计划。谷歌对"探月"计划的定义是这样的：

一、解决重大问题的项目或提议

二、提出彻底解决方案的项目或提议

三、采用突破性技术的项目或提议

施密特在他的"探月"计划中首先列举了植物性肉类。他认为，"用植物种植和植物收割取代牲畜可以减少温室气体排放量，应对气候变化。"

一位美食作家认为这项针对植物性肉类的研究可

以命名为"曼哈顿美食计划"。人造肉公司（Beyond Meat）将对"野兽汉堡包（Beast Burger）"[58]——其早期生产的一种植物肉汉堡包——的开发过程称为"曼哈顿海滩计划（Manhattan Beach Project）"。这些比喻令人们对植物肉技术的发展变得野心勃勃，志向远大，力求创新。另一家公司的创始人、来自不可能食品公司（Impossible Foods）的生物化学家帕特·布朗（Pat Brown）称，他们的目标是消除"中间的牛肉"。

2009 年，在斯坦福大学任教的布朗决定休学术假。在此期间，他问了自己一个问题："如果一切从头来过，我能解决的最重要的问题是什么？"他的答案是气候变化。他知道，到了 2050 年，地球上将有九十亿人口。随着世界各地中产阶级规模的不断壮大，人们的饮食习惯正越来越多地转向乳制品和肉类。畜牧业的发展已经占据了地球上 30% 无冰层覆盖的土地。布朗预料到人们对淡水资源和土地资源的需求会不断增加，碳

---

58 译者认为此处有误，也许应该是全素汉堡包（Beyond Burger），依据是索引里首次出现全素汉堡包就是在这页，而且索引里没有出现野兽汉堡包一词。

排放量也会不断增加，他便又向自己提出了一系列问题："人类喜欢吃肉，但一定要吃动物肉吗？如果不是动物肉，难道人们就不会感受到同样的快乐吗？"他意识到，答案并不需要政府自上而下的出手干预；他需要制造出可以与现有产品持续竞争的产品。过去，"所有汉堡包碰巧都是用牛肉制作而成，但牛肉也只不过是牛肉而已。牛并不会因为给人类提供牛肉而进化得更好。牛之所以进化也不是出于供人食用的目的。"

人造肉的食用范围并不仅仅局限于素食主义者或纯素主义者（vegan）[59]。纵观那些开发这种可替代肉类食品的最前沿公司，其中有些公司以技术创新部门为基础，充分利用包括合成生物学在内的食品技术，为肉食者制作汉堡包。而其他公司则正在探索组织工程学（tissue engineering）[60] 以制造出"洁净肉"。牛肉产业价值七百四十亿美元，却对环境造成了破坏，而以上都是解决这些问题的根本方法。帕特·布朗领

113

---

[59] 纯素主义者既不吃也不用任何动物产品，如蛋、丝绸、皮革。

[60] 组织工程学是一门以细胞生物学和材料科学相结合，进行体外或体内构建组织器官的新兴学科。

导下的研究小组发明的汉堡包比蓄养肉牛少占用了95%的土地，少耗费了74%的水，而且还减少了87%的温室气体排放量。此外，布朗指出，这种"探月食品"的生产将取代那些可能会带来危险且收入较低的屠宰场工作，取而代之的是收入更高、更有安全保障的工作。

另一家公司——人造肉公司（Beyond Meat）在其位于加利福尼亚州埃尔塞贡多（El Segundo）的总部明确了该公司所要解决的四个问题：改善动物福利，打破全球资源限制，改善人类健康，以及利用人造肉积极影响气候变化。2017年3月，我在参观该公司时，其创始人伊桑·布朗（Ethan Brown）指出："我们正在用一个解决方案同时解决这四个问题：人造肉。"

美国最大的肉类加工企业泰森食品（Tyson Foods）成立了一只1.5亿美元的风险投资基金，致力于找到具有可持续性的食品解决方案，特别是蛋白质的替代品。泰森食品投资有限责任公司（Tyson New Ventures LLC）在人造肉公司获得了5%的股权，投资金额不详。

由于汉堡包既具有标志性，又是消费牛肉的主要形式之一，因此这些公司往往从开发汉堡包开始迈出第一步。不可能食品公司的帕特·布朗将自家公司生产的汉堡包视为一种"初级诱惑"，表示"美味可口的肉不一定是动物肉"。我将这些汉堡包称为"探月汉堡包"。

2017年初，我前往加利福尼亚州，打算深入这个快速发展的新兴行业的腹地，体验一下未来。就在那时，我结识了伊森和帕特，不过，他们二人虽然都姓布朗却没有亲戚关系。

◎ 不可能食品公司

不可能食品公司的总部位于硅谷（Silicon Valley）的中心地带。2017年2月，就在暴风雨接二连三地袭击加利福尼亚州时，我造访了该公司的总部。在那里，我和一群来自国内外的记者脱掉雨衣，放下雨伞，穿上实验室的工作服，脑袋上箍上发网，一起参观了一个到处都弥漫着汉堡包味道的实验室。

帕特·布朗在创建不可能食品公司时，组建了一个由分子生物学家、生物化学家和物理学家组成的团队，以确定"令汉堡包成为特色食品的关键成分是什么？""令牛肉如此美味的分子是什么？""真正的肉看起来如何？烹饪好了怎样？尝起来味道又如何？"以及"哪些植物对我们联想到汉堡包的感官体验是不可或缺的？"

与法医实验室别无二致，不可能食品公司也使用气相色谱等技术分析一小块牛肉，并将其分子分离出来进行单独分析研究。他们把汉堡包的主要组成成分缩小到五种：

1. 质地。肌肉（组织）提供了嚼劲十足的质地。在实验室厨房里开展的"质地感官研究（Texture Sensory Research）"确定了那些和肉类一般无二的植物。对于不可能食品公司而言，他们用小麦蛋白（耐嚼）和土豆蛋白（在烹饪过程中能够很好地与水结合在一起）达到了汉堡包嚼劲十足的质地。

2. 味道。使肉类具有独到风味的部分因素是

115

血红素蛋白。这种分子本身是红色的，并与铁结合。血红素蛋白存在于所有生命形式中，在豆类中，它被称为豆血红蛋白。如何在植物中获得血红素蛋白呢？可以通过酵母发酵，过程就像生产啤酒一样。在参观过程中，我们看到了很多装满了正在发酵的酵母的大桶。第二步就是将血红素从酵母中去除，方法是破开酵母细胞，使用过滤法去除酵母中的固体物质，然后通过烘干水分得到浓缩物质。从某种意义上说，这就变成了一种浓缩的血红素产品——以植物为基础的血液。

这是合成生物学首次被应用于汉堡包、素食汉堡包或其他食品的生产之中。然而，当转基因技术令酵母发生改变时，酵母本身就会从最终的产品中提取出来。

3. 营养成分。氨基酸、微量糖和各种维生素。

4. 碳水化合物。日本甘薯（Konja）是主要成分。

5. 脂肪组织。脂肪组织可以将各部分结合在一起，锁住香味，并在烹饪过程中释放出来。不可能食品公司使用的是椰子油。不可能食品公司所追求的感官体验是传统汉堡包的标准比例，即：80%的瘦肉和20%的脂肪组合在一起后所带来的最佳体验，但该公司却在使用更少脂肪的情况下实现了这种体验。

在不可能食品公司向参观者展示汉堡包的烹饪过程时，我就站在烤架旁。这些汉堡包和我吃过的任何素食汉堡包都不一样。随着温度的升高，这些汉堡包开始滋滋作响——不是油炸的滋滋声，而且是真正的滋滋作响——汉堡包的颜色也变成了鲜亮的玫瑰红色。接着，汉堡包变成褐色，散发出熟悉的汉堡包香味，然后工作人员用铲子将汉堡包铲起来，一一放到小圆面包上。我周围的记者都开始狼吞虎咽地大嚼汉堡包。不知不觉中，我也三口两口将这个美味的汉堡包吞了下去。要不是顾及到了礼仪，我真想朝工作人员再要一个。

图 14　制作不可能汉堡包（Impossible Burger）的主要食物，
右上方是烤制之前的不可能汉堡包，左边是制作完成的汉堡包。
本照片是埃里克·戴（Eric Day）
给好食品研究所（Good Food Institute）拍摄的照片。
2017年2月7日，加利福尼亚州雷德伍德城（Redwood City），不可能食品公司。

2015 年，不可能食品公司收到了谷歌公司的收购邀约。布朗拒绝了两亿至三亿美元的报价。他解释说："我们公司的使命是：无论有多少人希望收购我们公司，他们可能会说他们对公司信心百倍，但任何人都不可能像我们所作出的承诺那样对我们公司信任有加，而且我们不会将公司置于危险之中。"他们的"探月"计划还在进行之中。

◎ 人造肉公司

在人造肉公司所在地加利福尼亚州的埃尔塞贡多，人们可以看到该公司用于产品研发的"公牛"。这是一台挤压机，大小和一头大公牛差不多，像公牛一样，这台机器能把植物材料转化成"蛋白质纤维"。

公司创始人伊桑·布朗表示，我们应该考虑的是肉的组成成分，而不是纠结于肉是不是来自动物。人造肉能取代动物肉吗？他给出了肯定的答复，这就像手机取代了固定电话一样顺理成章。他在接受《旧金山纪事报》（*San Francisco Chronicle*）采访时表示："面对着任何工业领域所存在的瓶颈问题，我们都能加以改革并逐步消除，但农业却不在其列，这令我惊诧不已……我们一直都在努力提高畜牧业的发展效率，但生物学方面的限制却永远都无法消除。"

我们参观了该公司的实验室，会见了很多来自医学领域的科学家，他们中的许多人现在正致力于预防他们所见过的一些与食用动物蛋白有关的疾病，如：

118

心脏病、糖尿病、高胆固醇等。

全素汉堡包含有豌豆蛋白。（布朗设想，有朝一日，当我们去肉类专柜买肉时会在心中暗自思忖："今天我是买扁豆蛋白？豌豆蛋白？还是大豆蛋白呢？"）豌豆蛋白在水中分离后，加热、冷却和加压的过程会使豌豆蛋白重新组合，令其呈现出肌肉的纤维结构。布朗将豌豆蛋白与钻石在压力下形成的方式做了比较；这是重新结合在一起的蛋白质，具有动物肉的质感。布朗说："最终，我们要做的是把肉带给人们，我们可以根据肉的结构将肉制作出来。"下一步要做的就是添加香气和味道。

在人造肉公司的厨房里，人造肉汉堡包与普通的汉堡包一般无二，同样也会滋滋作响，改变色泽，因为美拉德反应（Maillard reaction）[61]而变焦香。这一反应是以 1912 年描述这一反应的科学家的名字命名的。氨基酸和糖之间会产生化学反应，在烹饪时这种化学

---

[61] 1912 年法国化学家 L.C. 美拉德发现甘氨酸与葡萄糖混合加热时形成褐色的物质。后来人们发现这类反应不仅影响食品的颜色，而且对其香味也有重要作用，并将此反应称为非酶褐变反应。

反应可以令汉堡包肉饼变成褐色。美拉德反应令品尝汉堡包的感觉变得妙不可言，这并不是因为肉饼的颜色发生变化，而是因为肉饼在变成褐色的过程中释放出了香味，变得美味可口。

全素汉堡包含有甜菜和胭脂树橙的提取物，用于着色。不过，它也需要在不含动物肉韧带的情况下让脂肪均匀分布在整个素饼上。椰子油在低温下会变硬，但在烹饪过程中会融化，这就是产生美拉德反应的部分原因。烹饪汉堡包的气味和视觉造成了认知上的不协调，在第一口咬下去时这种不协调的感觉进一步加剧。然后，我又咬了一口。

120　　全素汉堡包是第一个在全食超市（Whole Foods）和西夫韦公司（Safeway）的肉类专柜销售的人造肉汉堡包。当它首次在全食超市亮相时便出现了供不应求的局面。布朗还预计，总有一天，在麦当劳或快闪汉堡包店（In-N-Out Burger）点全素汉堡包也将不再是什么新鲜事。

图 15 "全素汉堡包成分列表。"
感谢人造肉公司。

◎ 洁净肉汉堡包

　　洁净肉汉堡包并非人造肉汉堡包，但两者的共同目标是消除直接取自于动物尸体的肉。"洁净肉"是在实验室里用动物细胞培育出来的真正的肉，无需经过屠宰这一步骤。尽管有时被称为养殖肉或试管肉，但其支持者辩称，洁净肉一词与洁净能源类似，更加准确地描述了通过细胞农业种植出来的肉类，"因为它能立即将这项技术的重要方面显示出来，即：环境效益以及食物传播的病原体和药物残留物的减少。"肉类生产与屠宰过程分离后，可以避免动物粪便或动物内脏所造成的污染。

　　与不可能汉堡包和全素汉堡包不同的是，在本书撰写之时，洁净肉汉堡包还没有推向消费者。2013 年 8 月 5 日，由马斯特里赫特大学（Maastricht University）的马克·波斯特（Mark Post）制作出来的世界上第一个洁净肉汉堡包在伦敦亮相。这个汉堡包的价格接近三十万美元。新收获（New Harvest）是个支持在细胞

121

农业方面取得突破的非营利性组织。该组织解释说：

> 这种汉堡包的价格之所以如此之高，是因为这个项目是在实验室的规模上进行的。制作这种汉堡包的技术人员通过在标准的组织培养瓶中生产非常细小的牛肉丝，并将这一过程重复了几千次才得以完成。汉堡包的价格的确高昂，这是因为那当中涵盖了技术人员的工资。这些技术人员所做的工作既耗时又费力，而且他们所消耗的实验室用品同样价格昂贵。

研究人员需要搞清楚如何才能令肌纤维完全成熟以及如何培养大量的肌肉细胞。他们最初使用的是胎牛血清，但"到汉堡包生产结束时，肌肉在没有胎牛血清的培养基中生长。"当细胞不断生长乃至形成肌肉组织时，"肌肉便附着在一个可生物降解的支架上，就像葡萄藤缠绕在棚架上一样。"

波斯特既是血管生物学家，也是外科医生，拥有肺药理学博士学位。他与莫萨人造肉公司（MosaMeat）

合作，致力于洁净肉汉堡包的开发。他跟《纽约客》的记者迈克尔·斯佩克特（Michael Specter）说道：

> 我们有机会扭转以动物为食给我们的生活和这个星球带来的毁灭性影响……我们的目标是从一只动物身上提取肉，并创造出以前由一百万只动物提供的总肉量。

在美国，孟菲斯肉制品公司（Memphis Meats）的首席执行官兼联合创始人、心脏病专家乌玛·瓦莱蒂（Uma Valeti）博士正在致力于开发一种清洁肉汉堡包以及其他类型的清洁肉。他在梅奥诊所（Mayo Clinic）[62]工作时曾经亲眼看到心脏病患者的肌肉是如何实现再生的。于是瓦莱蒂便提出了一个问题："为什么我们不能采用同样的过程和方法种植肉类呢？"

---

[62] 梅奥诊所，或梅约诊所，是世界著名私立非营利性医疗机构，于 1864 年由梅奥医生在美国明尼苏达州罗切斯特市创建，是世界最具影响力和代表世界最高医疗水平的医疗机构之一，在医学研究领域处于领跑者地位。

于是，他便开始参与到新收获组织的活动中去，并在全球范围内对以下这些问题产生了极大的兴趣，"我们能做得更好吗？我们能不能找到一种更加具有持续性的肉类生产方法或生产技术呢？"

瓦莱蒂决定组建一个团队。与他同为公司联合创始人的尼古拉斯·吉诺维斯（Nicholas Genovese）是骨骼肌生物学方面的专家。孟菲斯肉制品公司拉开了这项工作的帷幕：

> 我们要做的不是在一到两年的时间里等候一只动物长大成熟后便将其屠宰，……我们用生命的基本组成部分，即：肉细胞，培育出一模一样的肉。我们尽可能从牛或猪的身上鉴别出质量最佳的肉细胞，……我们从这些细胞中鉴别出那些能够进行自我更新的细胞，然后在一个非常安全、非常干净的环境中对其进行培养。这样，就能像植物幼苗茁壮成长一样，那些细胞会充分吸收各种营养成分，氨基酸、多肽、矿物质、维生素、氧气、糖等。一旦肉达到了我们喜欢的密实度，就可以取用了。

制作洁净肉

人们很难想象在实验室里制作洁净肉的过程。下图展示的便是洁净肉如何从实验室到餐盘的制作过程。

 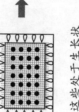  

从牛身上获取干细胞

将细胞放置在生长液中

将这些处于生长状态的细胞沿着支架上的生长液排列，使其具有结构

新长出来的肉被转移到一个叫做生物反应器的生长环境中

经过几个星期的孕育期，将成熟的肉从生物反应器中取出并包装食用。

图 16 本信息图的发表获得了《素食新闻》（*VegNews*）杂志的许可。该杂志是美国最重要的宣传素食生活方式的出版物。

2016 年，该公司的第一个产品——肉丸子首次亮相。2017 年 3 月，公司发布了一款洁净鸡肉。瓦莱蒂相信"二十年后，商店里出售的大部分肉类都将由人工制作而成"；从本质上说，公众将从原有的低效肉类生产技术中脱离出来。"制作热量为一卡路里的牛肉大约需要消耗二十三卡路里的粮食。在我们现在建模的过程中大约只需要三卡路里的能量输入就可以制作出热量为一卡路里的牛肉。"

孟菲斯肉制品公司急需扩大规模，这样才能实现洁净肉大规模生产。瓦莱蒂表示，资金是该公司发展的最大障碍。该公司计划，到 2020 年以十美元一个洁净肉饼的价格销售其洁净肉汉堡包，之后其价格将与廉价汉堡包竞争。瓦莱蒂认为孟菲斯肉制品公司采用了与当前肉制品行业相同的配送系统和包装系统。这种洁净肉汉堡包是否能与"探月"汉堡包相媲美，是否能够帮助人们摆脱对从动物尸体上获取肉的依赖，尚有待时间的检验。

◎ "探月"汉堡包发展所面临的种种挑战

登月旅行并非一件万无一失之事。具体来说,"探月"汉堡包同样也面临着几大挑战。

1. 发展规模。就在本书出版之际,为了实现所有的雄心勃勃的目标,上述公司都在不断扩大生产能力,但仍处于发展的早期阶段。2017年3月,不可能食品公司在加利福尼亚州的奥克兰(Oakland)开设了一家工厂,每月至少能生产一百万磅重的食品。不可能食品公司正在寻求将产量"扩大"一百多倍。伊桑·布朗预计,由于人造肉公司的配料及产品的成本不断降低,到了2022年,公司的生产规模将不断扩大,公司将能够以低于牛肉的价格生产人造肉。截止到2017年年中,在克罗格超市(Kroger)、韦格曼斯食品超市(Wegmans)和西夫韦公司等都可以买到全素汉堡包。

2.资金。为了扩大公司规模，资金不可或缺。瓦莱蒂表示，资金是该公司发展的最大障碍。瑞士联合银行集团（UBS）、维京全球投资者（Viking Global Investors）、微软公司（Microsoft）的联合创始人比尔·盖茨（Bill Gates）以及维港投资集团（Horizons Ventures）都将资本注入了不可能食品公司。如前所述，泰森食品在人造肉公司也有投资。新作物资本（New Crop Capital）成立的目的是为了给"开发养殖肉、人造肉、奶制品和蛋类产品的公司，以及促进此类产品推广和销售的服务公司提供早期投资"；该公司向企业提供的投资从五万美元到一百万美元不等。

3.关于食品和技术的神话。有些人谈起了硅谷与汉堡包新产品之间的关系，"我们不想让技术与汉堡包联系在一起。"人们认为技术不能参与汉堡包生产的想法是源于一种怀旧、无知而又传统的信念。汉堡包的存在是技术发展的结果，从带刺铁丝网到高压电枪，概莫能外。用于促进动物生长和抑制疾病的抗生素和激素也是通过技术开发而诞生。奶酪汉堡包依赖于牛奶奶酪中的凝乳酶；大多数凝乳酶都是合成生物学发展的结果。用于生产不可能汉堡包血红素的酵母只用于产品生产的过程中，然后再循环使用，而不是消耗殆尽。

4. 由于肉类消费具有性别差异的特点，因此向男性销售人造肉便成为一个挑战。谈到这个问题，伊桑·布朗说，"肉类具有一种男性化的倾向"，人们"不可能像卖生菜那样卖肉。"

5. 定价。与传统汉堡包相比，"探月"汉堡包在价格上没有竞争力，那些公司并没有从持续保护畜牧业发展的联邦补贴中得益。

植物肉汉堡包最近才投入市场。不同公司在推出产品时所使用的不同市场策略表明他们希望消费者应该以何种方式体验他们的食品。不可能食品公司的员工正在寻求用自己生产的产品取代餐馆销售的所有肉类和奶制品。2016年7月26日，该公司在纽约市的百福尼西（Momofuku Nishi）餐厅推出了他们的产

品。在该产品首次亮相后，"百福尼西餐厅的午餐生
意一飞冲天，这一点不容小觑，因为这是在一系列负
面评论出现之后发生的。"2017年，不可能汉堡包在
好几家高档餐厅里售卖，其中就包括小熊汉堡店（Bare
Burger）、霍普多蒂餐馆（Hopdoddy）、博格特利餐
馆（Burgatory）、鲜味汉堡店（Umami Burger）以及
很多其他餐厅。人造肉公司仍然将杂货店里的肉类专
柜视为其产品的主要销售点，但他们的产品在阿拉莫
怪诞电影院（Alamo Drafthouse）[63] 的连锁影院以及其
他餐馆也有销售。2017年9月，人造肉公司与提供食
品服务的美国西斯科公司（Sysco）合并，极大地扩展
了业务范围。西斯科公司主要为快餐连锁店、酒店、
医院和学校的自助餐厅提供食品。

好食品研究所的执行董事、新作物资本的理事布
鲁斯·弗里德里希（Bruce Friedrich）认为，"探月"
汉堡包将会占据上风。"不管肉类是如何生产出来的，

---

[63] 起源于德克萨斯州奥斯汀的阿拉莫怪诞电影院是北美一支特殊院
线，以怪诞的互动主题和酒精饮品提供以及对观众要求严格（比
如禁止6岁以下儿童进入）而闻名。

人们都会吃肉，但人们吃肉却并不是由肉的生产方式决定的。人们选择食物的依据是其口味、价格及方便程度。一旦口味和价格符合人们的要求，便利程度这个条件就会自然而然地得到满足。"毕竟，汉堡包就是这样进化而来。或者正如罗恩·雅各布森（Rowan Jacobsen）所说，"文化就是用面团包着的一块肉。如果你想拯救世界，你最好让这块肉变得唾手可得。"然后再将其夹在一个小圆面包里。

图 17　苏西·冈萨雷斯（Suzy González）的《下滑》（ *Slippage* ）。
插图版权归苏西·冈萨雷斯所有，2017 年。

后记：《下滑》

　　"薯条之王（Lord of the Fries）"是人们坐火车到达墨尔本（Melbourne）后看到的第一个美食景点。这家店就位于车站对面街道的拐角处。我早已经习惯把期望值放到最低——纯素主义者不论走到哪里都会把期望值放得很低——我并没有仔细斟酌整个菜单，而是直接点了薯条。后来，回到坐落于几个街区外的酒店后，我想起来菜单上罗列的肉汁是纯素的。一惊之下，我意识到，这一切看起来没什么不同，那只是一家快餐店而已，但实际上却又不是一回事：那是一家素食快餐店。所有的汉堡包看起来都属于同一种食品，但却又各有不同，或者可以说这些汉堡包既是传统汉堡包也是挣脱传统束缚的汉堡包。

　　从汉堡包肉饼被烤到滋滋作响夹在小圆面包里递给顾客的那一刻起，变化就已经开始发生——而且变化的原因不仅仅是跟肉饼夹在一起的到底是生菜、番茄酱还是番茄的问题。汉堡包肉饼的第一个定义可能是"夹在小圆面包里的牛肉饼"。不过，沃尔特·安德森（Walter Anderson）在1916年又往里面添加了油炸洋葱。在经济大萧条时期，由于肉食供应不足，人们干脆用薄脆饼干取代肉饼；二战期间，大豆蛋白又扩大了人们的选择范围。人们在汉堡包制作方法上不断创新，很快酸黄瓜、鳄梨和风干番茄就取代了生菜、番茄和洋葱——辅料取代了调味品。随着里面添加的东西越来越多，小圆面包和汉堡包肉饼的简单结合就也变得相当复杂。

汉堡包的尺寸越来越大，大到了原来的两倍、三倍，变成了大男孩汉堡包、巨无霸、超级巨无霸等。（好吧，还有很多很多）。经过人们的精心制作，汉堡包不再一成不变，而是变得花样繁多。

汉堡包的身份一直都在变化之中，但这可不是因为人们可以边走边吃。汉堡包所具备的不仅仅是变化的特质，这种食品不是一直都蕴含着颇具欺骗性的一面吗？汉堡包以一座并非其发祥地的城市命名，是一种经常依靠伪装来呈现牛肉的形式和方法（牛肉的鼎盛时期已经过去，现在全都是粉红肉渣）。到了二十一世纪，汉堡包呈现出来一种状态，而其内在却与这种表面状态截然相反，即：除了肉以外，汉堡包可以将所有食材包裹其中。

满怀期待来到快餐店的食客并非只有我一个。有些人心想"我可不愿意从此不吃汉堡包。"这个念头的后半部分通常不会当着人面明说,"谁也别想逼我！"然而，假如正如他们所想象的那样，他们在已经放弃汉堡包的同时却又不想从此不吃汉堡包，那该怎么办呢？假如他们像我一样，没有意识到这一点而点了双层芝士汉堡包（现在在薯条之王的菜单上已经无法找到），那又该怎么办呢？这种无人关注、无需经历屠宰过程的汉堡包就是我们的未来吗？

131　　　在接受《纽约时报》一位记者的采访之前，我查阅了这位记者的一些早期作品。其中有一句话引起了我的注意，他写道："我一直对芝士汉堡包情有独钟。"

在这位记者采访我的过程中，我提到了他喜欢吃芝士汉堡包的习惯，并建议他关注一下素食汉堡包的

188

新发展。他对此兴味盎然。他不但狼吞虎咽地吃下了各种不同品种的素食汉堡包，还对制作新口味汉堡包的厨师进行了采访。"如果你打算制作一个素食汉堡包，这个汉堡包就应该味道鲜美、口感醇厚，整体上要具有质感。等你拿起它品尝时，这个素食汉堡包就应该跟其他汉堡包没有丝毫差别。"曼哈顿商业区汉堡桶餐厅（Burger & Barrel）的乔希·卡彭（Josh Capon）跟记者如此说道。这位记者还到一位素食汉堡食谱作者的家中拜访。卢卡斯·福尔格（Lukas Volger）给杰夫·戈迪内（Jeff Gordinier）做了三个汉堡包：蘑菇大麦汉堡包、豆腐甜菜汉堡包以及泰式花生胡萝卜汉堡包。就在戈迪内品尝着其中一种汉堡包时，福尔格向他解释了自己的观点：素食汉堡包不仅仅是"近似于肉饼"（想象一下戈迪内在此期间又吃了几口），"这是蔬菜的一种表达形式。"

《异常美味的汉堡包：制作终极肉饼必备的大胆创新食谱和不折不扣的技巧》（*Wicked Good Burgers: Fearless Recipes and Uncompromising Techniques for the Ultimate Patty*）等烹饪书的作者也承认，非素食主义

者也会喜欢素食汉堡包："经过反复试验（我们承认这一点；这并非易事），我们创造了一种纯素食汉堡包。这种汉堡包具有每个人都会爱不释手的完美质地；而且其味道也妙不可言。我们相信，你那些无肉不欢的朋友也会像那些从来不碰肉制品的朋友一样对其爱不忍释。"

颇具讽刺意味的是，当麦当劳叔叔这个虚构出来的人物承认说"在我那个年代，我品尝过各种各样的全蔬菜'田园汉堡包'"时，汉堡包销售量的下滑便达到了一个史上新低。这种情况甚至在麦当劳叔叔在食谱中将豆腐加入汉堡包肉饼里之前就已经出现了。

比尔·沃特森（Bill Watterson）在 1993 年 10 月 22 日发表的《卡尔文与跳跳虎》（*Calvin and Hobbes*）系列漫画中展现了早熟的卡尔文第一次吃汉堡包的场景。卡尔文满嘴都是汉堡包，腮帮子高高鼓起，边嚼边问："汉堡包里的肉是用汉堡市居民的肉做的吗？"

"当然不是！"母亲回答说，她正要开始吃汉堡包。"是用牛肉糜做的。"

卡尔文盯着盘子中的汉堡包问道，"我吃的是牛肉？"

"没错，"母亲答道。

他把汉堡包从盘子里丢了出去，随即将脸转向一边，大声说道，"我觉得这东西我可咽不下去了。"

我在1973年也有与卡尔文类似的经历，幸好当时我没有像汉堡包肉可能是人肉那样的想法。（像往常一样，沃特森暗示卡尔文所说的话颇具讽刺意味：同类相食似乎比吃牛肉更容易让他接受。）正如比利·英格莱姆所描述的那样，我母亲也会要求当地屠夫把她购买的牛肉绞碎。等我们长到十几岁时，母亲就派我们去商业区的肉店购买牛颈肩肉，店主绞肉糜时我们就等在一旁。这就是我在1973年所做的事情，也是在我的小马驹惨遭射杀的那个晚上所做的事情。当时，几个十几岁的年轻人在小马驹栖息的牧场附近练习射击。当我亲眼看到我挚爱的小马驹的尸体后，我震惊不已。父亲提议我们当晚吃汉堡包，尽管我还没有完全回过神来，却还是跑到肉店里让吉姆帮我绞一些制作汉堡包用的肉糜。

133

回到家后，当我咬了一口烤熟的汉堡包肉饼时，几小时前失去小马驹的痛苦让我的眼前浮现出了尸体的画面。"我吃的是死牛，"我一边想，一边放下了手中的汉堡包。

现在想来，我吃的最后一个汉堡包并不是在小马驹惨遭射杀的那个晚上所吃的那个汉堡包。1978年，我在前往澳大利亚领取扶轮研究生奖学金（Rotary Graduate Fellowship）的途中，顺路拜访了切利斯·格伦迪宁（Chellis Glendinning）。格伦迪宁后来成为了一位生态心理学家，著有《我叫切利斯，正从西方文明中恢复过来》（*My Name is Chellis and I Am in Recovery from Western Civilization*）一书。一天晚上，我梦见自己在一家快餐店里，那里的一个员工不断将芝士汉堡包递给我，不管我拒绝多少次，他还是把芝士汉堡包放到了我的手里。我哭醒了。当我把这个梦告诉了切利斯后，她问道："在你给予自己的东西中，是不是有什么是你不想要的呢？"就在我乘坐公交车跨越金门大桥（Golden Gate Bridge）[64]打算继续澳洲之旅时，我开始认真思考切利斯提出的那个问题。我突然间意识到，那个问题的答案就是那段旅程。我不想要的东西不是别的，就是那段旅程。于是，我放弃了奖学金，将那张环游世界的机票交还后，就回到了纽约西部。在那里，我不但坠入了爱河，而且还参与了农村社会公平运动。

我们只是在品尝食物吗？其实我们也在品味跨物种历史、环境历史、国家历史和性别政治。即便是在梦中，汉堡包也绝不仅仅是汉堡包而已。在我们给予自己的东西中，是不是有什么是我们不想要的呢？

关于消费选择的讨论，有一点需要说明一下：我们只关注作为消费者的个人，这将我们与影响汉堡包成功的一些更加重要的决定性因素区分开来：政策决定、系统问题以及道德关怀，这些因素在讨论中可能显得更加准确、更富有成效。在美国，联邦政府对养

134

---

64 金门大桥，跨越美国加利福尼亚州旧金山金门海峡之上，是世界著名的桥梁之一，也是近代桥梁工程的一项奇迹。桥身全长一千九百多米。

牛业的补贴和其他制度化的支持，降低了汉堡包的真实成本。世界观察研究所[65]关于可持续社会发展的报告（Worldwatch Institute Report on Progress Toward a Sustainable Society）称："总的来说，如果将全部生态成本——包括矿物燃料的使用、地下水枯竭、农业化学污染、甲烷和氨排放——都包括在内，肉的价格可能是原来的两倍或三倍。"那么问题就会变成"在别人给我们的东西中，是不是有什么是我们不想要的呢？"

　　导演约翰·李·汉考克执导的电影《大创业家》讲述了雷·克洛克的故事。这部电影的结尾提供了一份统计数据：麦当劳每天为全世界1%的人口提供食物。不过，满足全世界1%人口饮食需求的却并不一定是汉堡包。（不要与华尔街的1%混为一谈。）麦当劳餐厅先是在每个星期五都增加了色拉、肉卷和鱼肉的供应，后来便每天都供应鱼肉。在俄罗斯，麦当劳餐厅的菜单上添加了薯角、卷心菜馅饼和樱桃馅饼。

---

[65] 世界观察研究所是一个独立的研究组织，它以事实为基础对重大全球性问题进行分析，分析结果被世界领袖们所公认。该研究所的三个主要研究领域包括气候与能源，食品与农业和绿色经济。

当麦当劳开始全天供应吉士蛋麦满分时，利润便开始增长。麦当劳在其他国家，尤其是在印度，都开始供应素食汉堡包。

随着模拟技术让位于数字技术，新的食品公司也随即涌现。可口可乐公司（Coca-Cola）收购了达萨尼（Dasani）瓶装水，这是在液体消费品行业。奶制品公司——迪恩食品公司（Dean Foods）收购了豆奶行业的领头羊——白浪公司。这是在不受商标保护的牛奶行业，而不是奶制品行业。

美国最大的肉类加工企业泰森食品收购了非肉 类汉堡包制造商——人造肉公司5%的股份。"饿死鬼（Hungry Man）"的生产商——品尼高食品公司（Pinnacle Foods）收购了"加迪林（Gardein）"植物蛋白系列产品。加拿大的枫叶农场（Maple Leaf Farms）收购了轻松生活食品公司（Light Life）。这些公司正在使蛋白质的来源变得多样化，以领先于（或赶上）消费者的需求。

像汉堡王这样的汉堡连锁店也已经开始供应素食汉堡包。该连锁店正在逐步成为素食汉堡包而不是牛肉汉堡包的供应商。

为了让汉堡包有一个稳定不变的形象，为了将其神化，人们在其周围建造了超级建筑（金拱门、城堡塔楼等）。即便如此，汉堡包不也一直都是不稳定的象征吗？在《物化或晚期资本主义的焦虑》（*Reification, or The Anxiety of Late Capitalism*）一书中，蒂莫西·贝维斯（Timothy Bewes）认为物化包含着源自自身的阻力。汉堡包，物化的终极象征——通过将尸体打造成肉来令生物实现物化——是否包含了自身分解或消失不见的过程呢？而不仅仅是因为尸体会腐烂？尽管汉堡包是一种非常成功的食品，但在将蛋白质食品加工成单份食品的悠久传统中，它是否已经脱离了现代主义的发展轨道了呢？假如事实果真如此，我们用什么取而代之呢？

这就是汉堡包每天所追求的目标。

非肉汉堡包不再是诡异之人、奇葩怪人专属的食物，也不再是食品评论家所嘲讽的"嚼不动的硬纸板"。1973年，乔治敦大学医学院（Georgetown University School of Medicine）营养项目的负责人亚伦·M.阿尔特舒尔（Aaron M. Altschul）博士说，"用豆面制作牛肉纤维的技术足以与面包的发明相提并论，是非常伟大的一项食品发明。"也许事实将会证明他的观点正确无误。

非肉汉堡包是否会导致"我们所熟知的肉类的终结"呢？当然，食品评论家们如今不再本着困惑、恐惧或厌恶的态度对待"汉堡包"。相反，他们把纯素汉堡包推选为最佳汉堡包。《绅士季刊》（*Gentlemen's Quarterly*）将 2015 年度最佳汉堡包的称号授予了超级汉堡店（Superiority Burger）的纯素汉堡包，标题为"年度最佳无肉汉堡包（The Best Burger of the Year Has No Meat in It）"。超级汉堡店的主厨布鲁克斯·海德利（Brooks Headley）在接受《华尔街日报》采访时谈到了他亲手制作的获奖汉堡包。"'我可不想为了感觉起来好像是在吃汉堡包，就会吃一些和肉没什么区别的东西，'海德利表示，'吃汉堡包非常具有标志性和美国特色，而且并不仅仅是为了吃夹在中间的肉饼而已。一口咬下小圆面包，听到生菜在嘴里发出的嘎吱声，再配上番茄酱的浓烈味道——所有这些都会让人产生一种原始的满足感。'"

　　尽管汉堡包继续占据着快餐市场，但它是否就像克拉斯·欧登伯格（Claes Oldenberg）的另一件雕塑作品——打字机专用橡皮擦一样，很快就会被技术上的不断进步所取代呢？在我们参观不可能食品公司的行程即将结束之际，我跟公司创始人帕特·布朗提到自己正在撰写一本关于汉堡包文化历史的书。他回答道，"你说的是汉堡包文化的史前时期吧。"时间会告诉我们，现代主义的标志和殖民主义的遗产，汉堡包是否会在被取代的小圆面包中找到自己的位置。

鸣　谢

福里斯特·吉罗德·尼尔林（Forrest Girod Near- 　137
ing）是简·吉罗德·尼尔林（Jane Girod Nearing）的儿子。
简是一位研究馆员，她不但为我撰写此书搜集了各种
书籍、文章和报纸广告，而且以前在我撰写其他书籍时，
她也同样付出了很多。在简的儿子福里斯特于2016年
不幸去世后，也许从某种程度上说，他的精神便一直
生活在我和简在查阅参考资料的过程中所创造出来的
那个空间里。简了解到我对老资料情有独钟，就为我
做了大量的搜集工作，这便大大增加了本书的深度。
我意识到我们正在通过彼此间的互动把对福里斯特的
怀念融入书中。对于这一点，我深信不疑。

简是我们当地图书馆的工作人员。图书馆不但是
极佳的资料来源，而且那里的工作人员全都充满了爱
心——这就让人们永远不会忘记：图书馆是公民获取

资源的重要渠道。我还要感谢执行董事苏珊·艾利森（Susan Allison）以及所有耐心帮助我查阅馆际互借图书的员工。

此外，在我撰写《汉堡包》的过程中，很多人都给我提供了帮助：首先是布鲁姆伯利出版社（Bloomsbury）的编辑哈里斯·纳克维（Haaris Naqvi），以及格致系列的联合编辑克里斯·斯查博格（Chris Schaberg）和伊恩·博戈斯特（Ian Bogost）。还有一些人也对我的研究工作鼎力支持，我对他们钦佩不已。其中包括比尔·夏利夫（Bill Shurtleff）、克里斯托弗·施洛特曼（Christopher Schlottmann）、马克·霍桑（Mark Hawthorne）、劳伦·奥内拉斯（Lauren Ornelas）、劳拉·赖特（Laura Wright）、罗杰·耶茨（Roger Yates）、西尔克·费尔茨（Silke Feltz）、瓦塞尔·斯坦尼斯库（Vasile Stanescu）、格温多林·L.卡罗尔（Gwendolyn L. Carroll）以及塞思·蒂博（Seth Tibbott）。

在我针对素食汉堡包所做的调查中，很多人都积极配合，对此我深表感谢。感谢艾玛·帕特森（Emma Patterson）激发了我对素食汉堡包的思考灵感！感谢脸书（Facebook）上的那些朋友，感谢他们就素食汉堡包的流行文化进行了集体讨论。

好食品研究所的工作人员，特别是布鲁斯·弗里德里希（Bruce Friedrich）、艾米丽·伯德（Emily Byrd）、埃里克·威尔斯（Eric Wells）和图贝·贝尼代托（Toube Benedetto），向我讲解"探月"汉堡包的相关知识，并陪伴我参观了制作"探月"汉堡包的那些公司。保护动物协会（Humane Society）的柯斯达·哈克迈耶（Kirsta Hackmeier）在统计数据和标准释义方面给我提供了帮助。感谢托德·博伊曼（Todd Boyman）和乔迪·博伊曼（Jody Boyman）接受我的采访。

感谢帕特·布朗和他在不可能食品公司的团队以及伊桑·布朗和他在人造肉公司的团队分别向我介绍了他们的产品和公司所作出的承诺。在我为撰写《汉堡包》一书展开调查时，感谢我的侄子克里斯·弗莱（Chris Fry）及其太太金·哈利（Kim Harley），以及本·弗莱（Ben Fry）及其太太林赛（Lindsay）的热情款待。感谢杰夫·戈迪内（Jeff Gordinier）接受了我们的采访。

在交稿日期即将到来之前，庞克洛克实验室食品公司（Punk Rawk Labs）送来了他们生产的人造芝士，克里斯蒂娜·纳科达（Christina Nakhoda）和卡罗尔·梅（Carol Mai）则带来了美食。这些美食令人回味无穷。非常感谢！与以往别无二致，简和南希（Nancy）都不吝帮忙；感谢我先生布鲁斯·布坎南（Bruce Buchanan），他对我的无理取闹报以爱心和耐心；他还和我一起试吃了不同品种的汉堡包。也许这就是婚姻的调味品吧！

139

很多人在提供插图、照片方面慷慨大方，对相关人员我深表感谢，其中包括乌戈穆拉斯档案馆（Ugo Mulas Archives）的亚历山德拉·波扎蒂（Alessandra Pozzati）、马克·赫斯（Mark Hess）、《纽约》杂志（New York）的大卫·布瑞斯勒（David Bressler）、恶女传媒的索瑞娅·梅姆布莱诺（Soraya Membreno）、素火鸡食品公司的塞思·蒂博、大豆信息中心的比尔·夏利夫（Bill Shurtleff）、人造肉公司的伊桑·布朗和安妮·玛丽·麦克德莫特（Anne Marie McDermott）、《素食新闻》的贾丝明·辛格（Jasmin Singer）、 xkcd.com网站、本杰明·布坎南（Benjamin Buchanan）、艺术家吉尔·琼斯（Hill Jones）、苏西·冈萨雷斯（Suzy Gonzalez）、帕特里夏·丹尼斯（Patricia Denys）和埃拉·明特（Elle Minter）、摄影师埃里克·戴（Eric Day）、罗杰·耶茨（Roger Yates）和米哈·沃伦（Micha Warren）。向简·缪尔（Jan Muir）致敬，感谢他创作了《超越巨无霸》，感谢那位创作了"麦当劳诽谤案"小册子的不知名的艺术家。

索 引

索引页码为原书页码，即本书页边码。

215

图书在版编目（CIP）数据

汉堡包：吃肉背后的权利较量/(美)卡罗尔·J. 亚当斯著；刘畅译.
— 上海：上海教育出版社，2019.11
ISBN 978-7-5444-9561-5

Ⅰ.①汉… Ⅱ.①卡…②刘… Ⅲ.①饮食－文化史－美国
Ⅳ.① TS971.207.12

中国版本图书馆 CIP 数据核字 (2019) 第 235636 号

著作权合同登记图字：09-2019-1112

责任编辑　李清奇
特约编辑　刘凤至
封面设计　范志芳

汉堡包

[美] 卡罗尔·J. 亚当斯　著

出版发行　上海教育出版社有限公司
官　　网　www.seph.com.cn
地　　址　上海市永福路 123 号
邮　　编　200031
印　　刷　上海盛通时代印刷有限公司
开　　本　787mm*1092mm　1/32　印张 7
字　　数　100 千字
版　　次　2020 年 1 月第 1 版
印　　次　2020 年 1 月第 1 次印刷
书　　号　ISBN 978-7-5444-9561-5/C.0027
定　　价　38.00 元